강아지 교육 노트

≪입양·교육 편≫

강아지 교육 노트

《입양·교육 편》

이종세 지음

강아지를 입양하기 전에 미리 공부하세요!
& 강아지를 입양하면 이렇게 가르치세요!

맑은샘

머리글

여러분이 새로운 강아지를 입양하려고 생각하고 있다면 아마도 이 책은 가장 중요한 지침서가 될 것입니다. 이 책은 여러분이 강아지를 입양하기 전에 현명한 판단과 올바른 선택을 하기 위해서는 어떠한 점을 알아야 하고, 강아지를 데려오기 전에 무엇을 공부해야 하는지를 가르쳐 드립니다. 또한, 강아지를 집으로 데려온 후 처음 1주일 안에 무엇을 꼭 가르쳐야 하고, 입양 후 3개월 동안에 어떤 교육을 해야 하는지를 자세하게 설명해드립니다.

여러분!

참으로 슬프게도 우리나라에서 입양하는 강아지의 절반 이상이 두 살이 되기 전에 원치 않는 죽음을 맞이합니다. 그 이유는, 명견이 될 것이라는 사람들의 꿈과 같은 기대에 강아지가 부응하지 못하고 주인으로부터 버림을 받게 된 것이 가장 큰 원인입니다. 그런 강아지들은 명견이 되기는커녕 보통 강아지들에게 일어날 수 있는 많은 문제 행동과 나쁜 습관, 그리고 기질적인 문제들을 발생시켜 주인들로부터 버림받아 동물 보호 시설로 끌려가거나 목숨을 불행한 운명에 맡겨야 하는 안타까운 상황에 처하게 됩니다.

보통 사람들은 그런 결과를 강아지 주인의 책임으로 돌리려고 하지만, 저의 생각은 조금 다릅니다. 처음 강아지를 키우는 사람들이 올바른 강아지 양육 방법을 잘 몰랐기 때문이라고 생각합니다.

처음 강아지를 기르려는 사람들은 강아지를 입양하면 앞으로 어떠한 문제들이 발생하게 될 것인지에 대하여 전혀 알지 못합니다. 그뿐만 아니라 그런 문제들을 미리 예방하는 방법과 해결책에 대해서도 전혀 지식이 없기 때문에 인터넷이나 텔레비전 같은 미디어 등에서 넘쳐나는 잘못된 지식이나 정보를 따라서 하다가 문제를 더 키우기도 합니다.

강아지 주인들이 강아지 교육에 대한 올바른 지식이나 문제 행동에 대한 올바른 대처 방법을 잘 모르는 것은 애견 관련 분야의 전문가인 강아지 브리더, 훈련사, 수의사, 동물 보호 시설의 직원 같은 사람들에게도 그 책임이 있다고 생각합니다. 왜냐하면 강아지와 관련된 전문가들이 처음 강아지를 키우는 사람들에게 더욱 간단하고 편리하며 효과적인 강아지 양육 방법을 사전에 정확하게 전달해주지 못한 원인도 있기 때문입니다.

강아지 교육 방법은 재미있고 쉬운 방법부터 간단하면서 효과적인 방법까지 아주 다양합니다.

이 책은 여러분이 강아지를 키우는 데 필요한 지식과 정보를 알기 쉽게 전달하고 강아지의 입양과 성장 과정에 따른 올바르고 효과적인 교육 방법을 가르쳐 드립니다.

대체로 강아지의 양육 과정은 강아지를 '입양하기 전'과 '입양한 후'로 크게 구분할 수 있으며, 다시 강아지를 입양하기 전의 과정은 '강아지를 선택하는 방법'과 '강아지를 입양하는 방법'으로 나눌 수 있습니다. 그리고 강아지를 입양한 후의 과정은 '강아지를 입양한 후 처음 1주일간의 교육'과 '입양한 후 3개월간의 교육' 과정으로 나눌 수 있습니다. 여러분이 앞으로 강아지를 키우려는 생각을 하고 있다면 현명하게 판단해서 자신의 환경이나 조건에 적합한 견종을 선택해야 하며, 강아지를 입양하기 전에 미리 공부한 다음에 입양해야 합니다.

강아지가 처음 집에 와서 1주일 동안의 교육이 강아지의 일생을 좌우합니다. 그때가 강아지에게 가장 중요한 발달 시기입니다. 그리고 강아지를 입양한 후 3개월간의 교육에 따라서 여러분의 강아지가 훌륭하게 성장하여 평생을 함께하는 소중한 파트너로 지내게 될 것인지, 아니면 낯선 사람들이나 주변의 강아지들과 어울리지 못하고 예측하기 어려운 여러 가지 문제 행동을 일으키는 불행한 강아지로 성장하게 될 것인지가 결정됩니다.

여러분은 지금 분기점에 서 있습니다. 이제부터 여러분이 기르게 될 강아지가 어떠한 방향으로 성장의 길을 걷게 될지는 모두 여러분에게 달려 있습니다.

차례

two 강아지를 입양한 후에

Part 10 너무 궁금해요

one

강아지를
입양하기
전에

강아지를 입양하기 전에 미리 공부하세요!

강아지를 입양하기 전에 자신이나 가족에게 적합한 강아지를 선택하기 위해서는 미리 공부해야 합니다. 어떤 견종으로 할 것인가는 매우 개인적인 선택이므로 여러분 자신이 결정할 문제입니다. 그러나 새롭게 공부하고 지식을 쌓은 다음에 강아지를 선택한다면 잘못된 결정으로 인한 불필요한 문제와 고민은 줄어들 것입니다.

여러분이 좋아하는 견종을 결정하였다면 그 견종만의 특유의 성질과 문제들에 대해서 조사하고, 그 강아지에 대한 최적의 양육 방법과 교육 방법을 찾아보도록 하세요. 어떤 강아지를 고를지 최종 선택하기 전에 반드시 여러분이 선택하려는 견종의 성견들과 만나서 시간을 보내 보세요. 그렇게 해보면 바로 내가 선택하려고 하는 견종에 대하여 여러 가지 상세한 지식과 어떻게 양육해야 하는지를 알 수 있습니다. 그러나 '완벽한' 혈통의 좋은 강아지를 선택하기만 하면 강아지가 자동적으로 명견이 될 것이라고 생각하는 것은 큰 오산입니다.

어떠한 견종이라고 하더라도 강아지 시기에 올바른 사회화와 적절한 교육을 진행하면 최고의 파트너가 될 수 있습니다. 그러므로 강아지를 선택할 때에는 잘 알아본 후에 자신의 환경이나 조건에 적합하고 가족들도 좋아하는 현명한 선택을 해주세요. 무엇보다 여러분의 강아지가 올바른 성견으로 자랄 수 있을지 어떨지는 적절한 사회화와 올바른 교육에 달려 있다는 점을 기억하세요.

견종에 대한 최종 선택과는 상관없이 일단 입양을 하기로 결정하였다면 이제부터 강아지의 운명은 여러분의 양육 방법에 달려 있습니다.

앞으로 여러분과 함께 행복하게 살아갈 강아지를 원하신다면 가정집에서 태어난 강아지를 입양하는 것이 바람직합니다. 사람들과 접촉이 없는 농장이나 나쁜 환경에서 번식한 강아지들은 전혀 소양 교육이나 사회화 교육이 되어 있지 않기 때문에 여러분의 좋은 반려견이 되기 어렵습니다. 가능하면 가정에서 태어나고 사람과의 교감을 충분히 경험한 강아지를 선택하는 것이 좋습니다.

그리고 입양하려는 강아지는 청소기 진동음과 부엌의 냄비나 그릇들이 부딪히는 소리, 가족들의 대화 소리 같은 집 안에서 일어나는 일상생활의 소음에 적응이 되어 있는 것이 좋습니다. 아직 강아지의 청력과 시력이 발달되어 있지 않았을 때부터 그런 자극에 노출됨으로써 강아지는 점차 보고 듣는 것들에 익숙해지며, 성견이 되더라도 소리에 대한 두려움이 없어지게 됩니다.

강아지를 입양해서 올바르게 가르쳐야겠다고 마음속으로 생각하고 있다면 강아지를 입양하기 전에 여러분이 먼저 강아지 양육에 대해서 공부해야 합니다.

여러분이 새로 입양한 강아지는 가정의 규칙을 알고 싶어 하며, 사람들을 기쁘게 해주고 싶은 마음이 있습니다. 하지만 어떻게 해야 사람들이 기뻐하는지 잘 모릅니다. 그러므로 여러분이 먼저 가정의 규칙을 강아지에게 가르쳐 주어야 합니다.

"강아지를 데려오면 천천히 해야지"라고 생각할 여유가 없습니다. 강아지들의 좋은 행동이나 나쁜 습성들은 강아지 시기에 자리를 잡습니다. 더구나 배변 교육은 오는 날 바로 시작해야 하며 단 한 번이라도 실수를 하면 안 됩니다.

실제로 어떤 강아지들은 생후 두 달 만에 나쁜 습관이 배어 이미 손을 쓸 수 없게 되어 버리는 경우도 있습니다. 보통 강아지 주인들은 강아지를 선택할 때나 집으로 데려오고 난 후에 교육을 시작하려고 생각하는데 그것은 커다란 실수입니다. 초기 대응 실패로 강아지들의 나쁜 습관이나 행동이 평생 지속 반복되는 상황이 발생하기 때문입니다.

물론 어린 강아지들의 문제 행동을 교정하는 것이 절대 불가능한 것은 아닙니다. 발견하는 즉시 곧바로 대처하기만 하면 얼마든지 교정이 가능하기는 하지만 강아지의 문제 행동과 나쁜 습관은 애초에 발생하지 않도록 미리 예방하는 편이 훨씬 더 간단합니다. 한 번 잘못된 강아지의 행동과 습관을 고치려면 많은 시간을 허비해야 할 뿐만 아니라 교정이 된다고 하더라도 처음부터 올바른 교육을 받은 강아지만큼 훌륭한 성견으로 자라나기는 어렵습니다.

처음으로 강아지를 키우는 사람들은 새로 입양한 강아지가 짖거나 깨물거나 깽깽거리거나 집 안을 어지럽힌다는 사실과 마주하면 놀라게 됩니다. 사실 강아지에게 있어서 그런 행동들은 극히 정상적이고 자연스러운 행동입니다.

그렇지만 강아지 시기에 올바르게 교육을 하지 않으면 점점 심각한 문제 행동으로 발전하게 됩니다. 그래서 강아지가 끊임없이 짖고 뛰어다닌다는 민원이 발생하거나 여러 가지 문제 행동이 악화되면 그런 강아지들은 가까운 시일 안에 버림을 받거나 지역의 동물 보호 시설로 끌려가서 불행한 운명에 몸을 맡겨야 하는 경우도 생길 수 있습니다.

　분명히 훌륭하게 성장할 강아지였지만, 올바른 교육을 받지 못하면 단 며칠 사이에 모든 일이 수포로 돌아가서 강아지가 불행하게 되는 경우가 비일비재하다는 것을 잊지 마세요. 그러므로 여러분이 선택한 강아지를 집으로 데려오기 전에 '울타리 적응 교육', '물기 장난감 놀이', '미끼 보상 훈련', '예절 교육' 같은 기본 교육을 하는 방법을 미리 공부해 두어야 하는 것입니다.

Part 01

현명한
강아지 선택

강아지 선택은 정말 중요합니다

강아지를 입양하기 전부터 강아지에 대한 공부를 시작해야 합니다.

여러분이 자동차를 구입하기 전에 먼저 운전 방법을 배우고 차종을 선택하는 것과 마찬가지로 강아지를 입양하기 전에 어떤 견종을 선택하고 강아지를 어떻게 기르며, 무엇을 가르쳐야 할 것인지를 먼저 배워 두는 것이 현명한 생각입니다.

처음 강아지를 입양하려는 사람들은 어떤 종류로 할 것인지, 어떤 기질을 선택할지, 어떤 타입의 강아지를 고를 것인지부터 시작해서 생각하고 결정해야 할 일들이 많습니다. 물론, 가장 중요한 결정은 자신이 좋아하는 스타일과 자신의 생활 환경에 적합한 강아지를 선택하는 것이겠지요.

이제부터 여러분이 현명한 강아지 선택을 위해서 필요한 몇 가지 중요한 가이드라인을 설명해 드리겠습니다.

첫째, 혈통이 좋고 우월한 체형의 강아지를 고르기만 하면 강아지가 자동적으로 완벽한 성견이 될 것이라는 어리석은 생각은 하지 마세요. 오히려 보통 강아지라고 하더라도 올바른 사회화 교육과 가정 예절 교육만 잘하면 최고의 파트너가 될 것입니다. 반면에 사람들에게 친화적인 견종이나 좋은 혈통과는 관계없이 올바른 사회화 교육과 훈련이 진행되지 않으면 어떤 강아지라고 하더라도 문제가 생길 수밖에 없습니다. 그래서 강아지를 고를 때는 여러 가지 요소를 잘 알아본 후에 올바른 선택을 해야 합니다.

꼭 잊지 말아야 할 것은, 강아지가 성견이 된 후에 당신의 희망 속에 있는 강아지의 모습과 얼마나 비슷해져 있을지는 적절한 사회화와 가정 예절 교육에 달려 있다는 점입니다.

둘째, 신뢰할 수 있는 채널로부터 정보를 얻는 것입니다. 흔히 견주들이 쉽게 범하는 과오는 수의사에게 견종 선택에 대한 상담을 하거나 브리더에게 강아지의 건강 상담을 하는가 하면 정말 중요한 강아지 양육이나 행동 교정을 애견 숍의 점원들에게 조언을 구한다는 점입니다.

가장 좋은 방법은 교육과 행동에 대해서는 애견 훈련사나 동물 행동 심리

전문가에게 조언을 구하고, 건강 문제는 수의사에게, 견종에 관해서는 브리더에게, 상품에 관해서는 애견 숍의 점원들에게 조언을 구하는 것입니다. 그리고 견종 선택에 대한 현실을 정말 제대로 파악하고 싶다면 강아지 훈련 교실이나 애견 파크를 방문해서 여러 견주들과 이야기를 나누어 보세요. 그러면 실제로 내가 원하는 강아지의 생활 습관이 어떤지, 앞으로 그 강아지와 함께 살아가면서 생길지도 모르는 여러 가지 문제나 처하게 될 현실을 제대로 알 수 있게 될 것입니다.

셋째는, 주위의 모든 조언을 주의 깊게 평가해 보는 것입니다. 그리고 모든 상황을 객관적이고 상식적으로 생각해보세요. 예를 들면, 선택하려는 강아지가 여러분과 가족의 생활 환경에 적합한 것인지, 혹은 선택하려는 강아지의 기질이나 성향이 여러분의 취향에 맞는지도 생각을 해봐야 합니다. 물론 여러 사람의 조언을 참고는 하겠지만, 다른 사람들은 자신의 환경이나 가족 구성원들의 생각을 정확히 알 수 없기 때문에 어떤 조언들은 비현실적이거나 적합하지 않은 것들도 있다는 것을 고려해야 합니다. 가령 많은 사람이 받아들이는 조언 중에는 "아파트나 빌라에 살고 계신다면 대형견은 피하는 편이 좋겠지요."라는 말입니다. 그런데 사실 꼭 그렇지는 않습니다. 물론 견종에 따라서 약간의 차이는 있겠지만, 대형견들도 정기적으로 산책을 시켜준다면 공동 주택 생활에 적합한 가정견이 될 수 있습니다. 물론 여러분이 강아지에게 침착하고 조용하게 지내도록 교육만 잘해 놓으면 소형견들이 아파트나 빌라에 더 잘 어울리는 파트너가 될 수 있겠지만, 소형견들 중에도 활동적으로 돌아다니고 흥분하거나 짖는 경향이 있어서 견주와 이웃 사람들을 힘들게 하는 경우도 있습니다.
어떤 사람들은 "아이들에게는 골든 리트리버나 래브라도 리트리버가 좋습니다."라고 추천하기도 합니다. 그러나 키우는 강아지에게 아이들을 대하는 방법을 가르쳐 주고 아이들에게는 개를 대하는 방법을 알려주기만 하면 어떤 견종이라도 아이들의 훌륭한 친구가 되어 줄 것입니다. 그러나 올바른 교육을 하지 않으면 골든 리트리버 종이든 래브라도 리트리버 종이든 아이들의 장난에 흥분하고, 겁을 먹고, 안절부절못하게 되거나 아이들을 밀어서 넘어뜨릴 수도 있습니다.

　가장 중요한 포인트는 앞으로 오랫동안 여러분과 함께 생활하게 될 파트너로 적합한 강아지를 선택하려고 한다는 점을 잊지 마세요.

　어떤 견종을 선택해야 할지는 매우 개인적인 선택입니다. 여러분과 함께 지내게 될 강아지는 여러분 자신이 결정하고 책임져야 할 사항입니다. 하지만 사전에 미리 충분히 공부하고 난 후에 강아지를 고르면 그다지 걱정할 필요는 없습니다.

　사실 요즈음에는 전문가나 경험자의 조언에는 귀를 기울이지 않은 채 즉흥적인 감정을 앞세워 강아지를 선택하는 사람들이 많습니다. 강아지의 혈통이나 털의 색깔, 체형, 귀여움을 강아지 선택의 우선 조건으로 생각하여 앞으로 평생을 자신의 친구로 지내기에 적합하지 않은 강아지를 고르는 실수를 하기도 합니다. 여러분이 외형적인 조건을 위주로 아무리 좋은 강아지를 선택했다고 하더라도 저절로 명견이 된다는 보장이 없습니다. 여러분이 선택한 강아지가 예의 바르고 건강하게 성장하려면 강아지 양육에 관한 풍부한 지식과 올바른 교육에 의해서 결정되는 것입니다.

좋은 강아지 고르는 방법

강아지를 고를 때에 가장 중요한 점은 가족들 모두가 '키우고 싶어 하는 강아지'를 선택해야 한다는 점입니다. 여러 마리 중에서 강아지의 성별, 외모, 기질을 살펴보고 가족 모두가 가장 원하는 강아지를 선택하는 것이 가장 좋겠지요. 그래서 가족 모두가 조용히 앉아서 강아지를 불렀을 때 어느 강아지가 가장 먼저 다가오는지, 또는 어느 강아지가 가장 오랫동안 자신들의 주위를 맴도는지 살펴보세요.

지금까지는 가장 먼저 다가와서 안기거나 사람의 손을 깨무는 강아지는 '경성의 기질'을 갖고 태어난 강아지라서 흥분을 잘하거나 고집이 센 편이라 보통 사람들이 감당하기 어렵다는 설이 지배적이었습니다. 그러나 사실은 꼭 그렇지 않습니다. 그것은 강아지들이 아직 예절 교육이 몸에 배어 있지 않아서 강아지다운 행동으로 인사하는 것일 뿐입니다. 그런 강아지들도 지극히 기본적인 트레이닝을 해서 넘쳐나는 에너지를 잘 조절해 준다면 어쩌면 가장 빨리 '앉아'나 '이리 와' 같은 기본 교육이 가능한 강아지가 될 수도 있습니다. 또한 어린 강아지 시기에 강아지가 깨무는 행위는 반드시 필요한 정상적인 행동입니다. 오히려 강아지 무렵에 많이 깨물었던 강아지가 성견이 된 후에는 부드럽고 조심스러운 행동을 보입니다.

사실 저는 그렇게 외향적이면서 대범한 '경성의 기질' 강아지들보다 낯선 사람을 보면 좀처럼 다가오지 않거나 집안에 숨은 채 밖으로 나오려 하지 않는 내성적이고 소심한 '연성의 기질'을 갖고 태어난 강아지들이 더 걱정입니다. 그렇게 예민하고 겁이 많은 '연성의 기질' 강아지들이야말로 '사회화 기한'인 생후 16주 안에 확실하게 사회화 교육을 해두지 않으면 앞으로 심하게 짖거나 물어뜯거나 배변 교육이 잘 안 되거나 분리 불안증 같은 많은 행동 문제들이 발생하게 될 것이 거의 확실하기 때문입니다. 하지만 여러분이 강아지에 대해서 열심히 공부해서 적절한 시기에 사회화 교육을 잘하기만 한다면 오히려 그런 강아지들이 부드럽고 다정다감하면서도 말을 잘 듣는 감성적인 반려견이 될 것은 틀림없습니다. 그런 강아지가 수줍어하거나 무서워하는 것은 틀림없이 아직 사회화 교육이 충분하지 못했기 때문입니다.

확실히 같은 어미에게서 나온 동배의 형제들이라도 모르는 사람이 불렀을 때 다가가는 방식은 제각각 다릅니다. 그러나 생후 8주가 지난 강아지들이 낯선 사람을 무서워하며 아예 다가가지 않는다면 그것은 아무래도 이상한 일입니다.

어린 강아지가 낯선 사람을 지나치게 무서워하거나 피하려고 하는 경향이 있다면 강아지를 번식하는 브리더가 이미 생후 4주 시점에서 발견하고 대처를 했어야 합니다. 수줍어하는 강아지는 더욱 관심을 갖고 애정을 주면서 사회화를 시켰어야 하는데, 아직 형제들 중에 한 마리라도 지나치게 수줍음을 많이 타는 강아지가 있다는 의미는 브리더가 강아지들의 사회화에 관심을 별로 갖지 않았다는 증거입니다. 그래서 강아지를 선택할 때는 그 형제들의 전반적인 사회화 상태를 주의 깊게 살펴보아야 합니다.

또한 가능하면 앞으로 강아지는 중성화나 불임 수술을 반드시 시켜야 하겠지만, 번식하는 사람이나 분양하는 사람이 그 강아지의 우수한 혈통 보전이 필요하다면서 지나치게 자신의 생각을 강하게 어필하는 사람들은 조심하세요.

여러분이 입양하려는 강아지는 어디까지나 여러분과 함께 생활할 존재라는 점을 잊지 마세요. 강아지를 기르는 것은 극히 개인적인 일입니다. 따라서 중성화나 불임 수술을 시킬 것인지, 도그 쇼에 출전시킬 것인지를 결정하는 것은 바로 여러분입니다.

강아지를 고를 때에는 적어도 2시간 정도는 살펴보세요. 생후 8주 정도 된 강아지라면 약 90분 주기로 바이오리듬이 하이 텐션이 되거나 반대로 완전히 지쳐서 얌전해지기를 반복합니다. 어쨌든 강아지의 다양한 행동을 충분하게 파악하기 위해서는 조금 시간을 갖고 주의 깊게 살펴보는 것이 매우 중요합니다.

어디에서 태어난 강아지를 입양할까?

강아지를 입양할 때, 어디에서 누가 번식을 했는지가 아주 중요합니다. 전문 브리더로부터 강아지를 분양받을 때나 일반 가정에서 태어난 강아지를 분양받을 때에도 선택 기준은 같습니다.

첫째, 사람의 손길을 충분히 받으며 자란 강아지를 찾아야 합니다. 사람과의 접촉이 별로 없는 환경에서 기계적으로 사육된 강아지들은 가급적 입양하지 마세요. 집 안에서 가족과 함께 지내게 될 강아지를 구하는 것이므로 가정적인 환경에서 태어나고 자라온 강아지를 찾는 것이 좋습니다.

둘째, 기르고자 하는 강아지가 얼마나 사회화와 교육이 진행되어 있는지를 판단하세요. 견종이나 혈통과는 관계없이 생후 8주가 되었는데도 기본적인 사회화 교육이 전혀 진행되어 있지 않다면 이미 그 강아지는 발달이 늦어진 것이라고 말할 수 있습니다.

물론 우리의 강아지 입양 환경이 미국이나 영국 등 애견 선진국과는 조금 다르다는 것을 잘 알고 있습니다. 요즈음에는 대부분의 사람이 자신의 애견을 소중하게 생각해서 중성화나 불임 수술에 적극적이고, 대부분 번식을 하지 않기 때문에 가정에서 잘 키워진 강아지를 입양하는 것이 어렵다는 것도 이해합니다.

현재 우리나라에서 분양되거나 판매되는 강아지의 약 80% 정도가 어미견을 대량으로 사육하는 강아지 농장이나 번식장에서 생산됩니다. 그런 데서 태어난 강아지들은 꼭 필요한 시기에 적절한 교육을 받을 기회조차도 얻지 못하고 생후 45일쯤에 애견 경매장이나 애견 판매점을 통해서 공급되는 불행한 구조를 갖고 있습니다.

하지만 여러분이 열악한 사회 환경 탓만 하거나 보편적인 현상에 편승해서 만약 소중한 파트너가 될 강아지를 대충 적당하게 입양을 한다면 앞으로 여러분과 강아지의 행복을 보장받기는 어려울 것입니다. 그럴수록 조금 더 노력해서 찾아보면 아직도 가정에서 강아지를 출산시켜서 배변 교육이나 사회화 교육에 관심을 갖고 번식하는 좋은 브리더들이 있을 거라고 생각합니다.

아니면 자신이 원하는 견종들을 갖고 있는 사람들이 모여서 활동하는 인터넷 카페나 동호회에 협조를 부탁해 보세요.

만약 어쩔 수 없이 강아지를 판매하는 상점을 통해서 강아지를 입양해야 할 경우에는 판매원의 감언이설에 따라서 강아지를 즉흥적으로 잘못 고르기 보다는 제가 가르쳐드리는 여러 가지 내용을 참고하셔서 신중하게 선택하시기 바랍니다.

어떤 강아지를 선택할까?

저는 강아지를 입양하려는 사람들에게 어떤 특정 견종만을 추천하는 것에는 반대합니다. 보통 사람들이 특정 견종을 추천받게 되면 그 강아지는 별문제 없이 성장할 것이라고 생각하겠지만, 그런 생각은 강아지나 키우는 가족들에게도 절대로 좋은 일이 아닙니다.

다른 사람들로부터 특정 견종을 기르라고 추천을 받거나 기르지 말라는 말을 듣게 되면 강아지 주인은 추천받은 강아지는 별도의 교육을 할 필요가 없다고 생각하거나 혹은 기르지 말라는 그 강아지는 교육 자체가 불가능하다고 생각해 버리게 되는 경우가 자주 발생합니다. 그런 결과로 인

해서 많은 강아지가 불쌍하게 올바른 교육을 받아보지도 못한 채 자라나게 됩니다.

또한 특정 견종을 추천받게 되면 의심을 모르는 견주들은 추천받은 견종만 선택하면 무엇이든 다 잘될 것으로 생각하기 십상입니다. 자신이 최고의 견종을 골랐다고 믿어 버리고 교육 따위는 일부러 할 필요가 없다고 단순하게 생각해 버리게 된다는 것입니다. 그렇게 되면 상황은 악화되기 시작합니다.

가장 큰 문제는 어떤 견종을 추천받으면 자동적으로 그 이외의 견종에 관해서는 더 이상 관심을 갖지 않게 된다는 점입니다. 이른바 전문가라는 사람들조차도 어느 견종은 크기가 너무 크다거나 너무 작다거나, 너무 활발하거나 너무 얌전하다거나, 머리가 아둔하거나 좋다거나, 혹은 성격이 나쁘기 때문에 교육하기 어렵다고 말하는 경우가 종종 있습니다. 그러나 그런 '고마운 조언'들이야 어찌 되었든 간에 어차피 사람들은 처음부터 자신이 사고자 생각하던 견종을 고르게 되어 있습니다. 그리고 그 강아지를 고른 사람들은 교육에 시간을 허비하는 것을 귀찮게 느껴서 점점 소홀히 하게 되고, 결국 그 강아지는 문제를 일으키게 됩니다.

그래서 강아지가 문제를 일으키게 되면 사람들은 "이 견종은 교육이 어렵다고 했어!"라고 전문가가 했던 얘기 중에서 자신을 합리화하려는 말을 핑계 삼아 강아지 교육에 더욱 무관심해지려고 합니다.

물론 입양하려는 강아지의 견종 선택은 매우 개인적인 것입니다. 일단 여러분이 원하는 좋은 강아지를 선택하였다면 그 견종 특유의 자질과 문제점을 알아보세요. 그리고 나서 자신의 강아지를 기르고 교육하는 데에 가장 좋은 방법을 배우려고 노력해야 합니다.

일반적으로 사람들이 키우기 쉽고 교육하기 쉽다고 이야기하는 견종을 선택하였다면 여러분의 강아지가 그 견종들을 대표하는 모범적인 강아지로 성장할 수 있도록 가르쳐야 합니다. 반대로 키우기나 교육이 어렵다고 말하는 견종을 선택했다고 하더라도 여러분의 강아지가 올바르게 성장할 수 있도록 더욱 열심히 가르쳐야 할 것입니다.

여러분이 어떤 견종을 선택하였든 간에 일단 결정을 했다면 그 강아지가 잘 성장하게 될지 문제견이 될지는 여러분의 교육에 달려 있습니다. 물론, 여러분이 가정에서 키울 강아지라는 것을 전제로 평가해보면 견종마다 약간의 장점과 단점은 분명히 존재합니다. 그렇기 때문에 선택할 견종 특유의 단점이나 문제가 발생하게 될 가능성을 조사해보고, 앞으로 그런 문제에 대해서 어떻게 대처하면 좋을지를 미리 생각해 두어야 합니다.

강아지가 생후 8주경에 여러분 집으로 오게 되면 엄청난 스피드로 성장하게 됩니다. 그렇기 때문에 앞으로 강아지가 성장하는 과정에서 일어나게 될 일들을 미리 예측하고 대비하는 것이 현명한 일입니다.

실제로 강아지가 여러분의 집에 오고 나서 4개월만 지나면 생후 6개월의 청년기의 강아지로 자랍니다. 여러분은 강아지가 청년기에 들어서기 전에 강아지에게 적절한 교육 과정을 충실하게 가르쳐야 한다는 것과 동일 견종들 사이에서도 강아지마다 성격이나 행동, 기질의 차이가 존재한다는 점을 유념하시기 바랍니다. 실제로 함께 태어난 형제라 하더라도 한 마리 한 마리의 행동이나 기질의 차이가 다른 견종과의 차이만큼이나 다르게 나타나기도 합니다.

강아지가 가정에서 올바르게 성장하게 될지, 아니면 바람직하지 않은 문제행동을 하는 강아지로 성장하게 될지는 타고난 유전적인 요인보다도 환경적인 요인과 강아지의 사회화 교육에 의해서 더 큰 영향을 받습니다. 같은 부모견에서 태어난 강아지라고 하더라도 성장의 결과를 보면 유전적 기질의 차이보다 환경과 교육의 차이가 훨씬 더 크게 나타난다는 의미입니다.

어떤 강아지의 행동과 기질이 장래에 어떻게 될지는 그 강아지가 받게 되는 교육과 성장하는 환경이 결정적인 요인으로 작용합니다. 예를 들면, 대부분의 강아지는 타고난 유전적 기질로 인해서 짖거나 물거나 마킹을 하거나 꼬리를 흔들거나 합니다. 그리고 그런 모든 행동은 그들이 개이기 때문에 하는 행동입니다. 그러나 강아지가 짖는 장소나 시간을 조절하거나 무는 행동을 억제하는 것, 배변하는 장소를 선택하는 것이나 사람을 대하는 방법 등을 터득하는 것은 강아지의 사회화와 예절 교육에 의해서 크게 좌우됩니다. 결국, 여러분의 강아지가 가정에서 오랫동안 행복하게 살 수 있을지 없을지는 여러분이 어떻게 양육하는가에 달린 것입니다.

순수 혈통이 좋을까, 믹스견이라도 괜찮을까?

앞으로 강아지를 입양하려는 사람들은 여러 가지 생각을 하는데, '순수 혈통이 좋을까, 아니면 순수 혈통은 아니지만 내 마음에 들면 믹스견이라도 괜찮을까 하는 고민입니다.

우선 순수 혈통견과 믹스견의 가장 명확한 차이를 구분해 본다면, 순수 혈통은 오랜 세월 동안 축적된 자료와 경험을 바탕으로 해서 번식하기 때문에 체형이나 외모가 뛰어난 장점이 있고, 미래에 태어날 강아지의 모양이나 성장 과정을 예측하기 쉽습니다. 그리고 순수 혈통의 이점은 선택하려는 강아

지의 기록된 자료를 통해서 사람에 대
한 우호성과 유전적인 건강 정보,
평균적인 수명에 관하여 몇 세대
를 거슬러 올라가면서까지 확실
하게 알아볼 수 있다는 점입니다.

　반면, 믹스견은 조상견들에 관한 자료
나 경험이 전혀 없기 때문에 성격이나 기질을 판단하기가 어렵고, 한 마리 한
마리의 행동과 습성이 완전히 다를 수 있기 때문에 번식하게 될 경우에는 태
어날 강아지에 대한 예측이 어렵다는 단점이 있습니다. 하지만 믹스견이라고
하더라도 근친 교배가 아닌 이상 유전적으로는 더욱 건강하고 영리한 강아지
가 태어날 수 있다고 주장을 하는 학자들도 있습니다. 어떤 면에서는 오히려
믹스견이 대체로 수명도 길고 건강상의 문제도 적게 발생한다는 말입니다.
　역시 선택은 여러분의 몫입니다!

Part 02

소중한
강아지 입양

강아지의 성장 상태를 파악하세요

여러분 집으로 데려오려고 생각하는 생후 8주 정도 된 강아지는 이미 여러 가지 생활 환경과 소음에 적응되어 있고, 사람들과의 사회화가 충분히 진행되어 있어야 합니다. 또한 가능하다면 배변 훈련과 물기 장난감을 통한 트레이닝, 그리고 기본적인 매너 교육도 되어 있는 것이 좋습니다. 그렇지 않으면 여러분이 기르려고 하는 강아지는 이미 사회적으로나 정서적으로 발달 시기가 늦은 상태가 돼서 앞으로 오랫동안 뒤떨어진 사회화 교육과 예절 교육 훈련 과정을 따라가기 위해서 노력해야 합니다.

강아지를 입양하기 전에 반드시 확인해야 할 것은 강아지를 번식한 장소와 성장하는 과정입니다. 강아지가 얼마나 안정된 환경에서 태어났는지, 그리고 성장하는 과정에서 사람들과 직접적으로 접촉하며 충분한 기간 동안 소양 교육을 받으며 자라 왔는지가 중요합니다.

강아지가 새로운 가정에 입양되어 낯선 사람들과 함께 스트레스 없이 생활하려면 당연히 태어난 가정에서부터 사람들과 함께 생활하며 일상적으로 가정에서 들리는 시끄러운 소리에 적응되어 있어야 합니다. 청소기 작동하는 소리가 나고, 부엌에서는 냄비나 쟁반이 떨어지고, TV에서는 스포츠 경기의 열광적인 함성이 들리며, 가족들이 크게 대화하는 가정의 소리에도 익숙해져 있어야 합니다.

강아지가 아직 청각과 시각이 발달되어 있지 않을 때부터 그런 자극들에 노출되어야만 앞으로 눈과 귀가 발달하더라도 그런 자극이나 소리에 대해서 두려움을 갖지 않습니다. 또한 여유롭고 자유스러운 성장 환경에서 어미의 행동이나 습관을 보고 배변에 관한 본능적인 처리 방법이나 서열에 대한 확고한 인식을 갖게 됩니다.

반면에 뒷마당, 지하실, 차고처럼 사회와 격리된 장소나 심지어 강아지 농장같이 열악하고 좁은 장소에서 태어나서 자란 강아지를 선택하는 것은 결코 현명한 선택이 아닙니다. 그런 장소에서 태어난 강아지들은 사람들과 접촉할 기회 자체가 거의 없기 때문에 사회적인 경험이 부족하거나 정서적으로 불안정한 강아지로 성장하게 됩니다. 더구나 좁고 폐쇄된 열악한 생활 환경 속에서 모두가 함께 뒤엉켜 지내며, 잠자리를 배설물로 더럽히거나 멍멍 짖거나 하는 것을 당연하게 여기게 되면 강아지로서 타고난 배변 습관이나 사회생활에 적응하는 본능적인 소양마저 망가져 버리게 됩니다.

그렇게 사회로부터도 격리된 상태에서 번식한 강아지들은 입양된 가정에서 자연스럽게 적응하기가 어려울 뿐만 아니라, 특히 남성들이나 아이들과 접촉하게 되는 것은 무리에 가깝습니다. 아무리 생각해도 그렇게 성장한 강아지들은 반려견이라고 보기는 어렵습니다. 차라리 외양간의 소나 양계장의 닭들과 같이 가축과 동일하게 보는 편이 맞습니다.

여러분의 소중한 파트너를 선택하는 것이니까 농장에서 가축처럼 생산된 강아지가 아니라 안정된 환경에서 태어나고 사람들의 사랑을 받으면서 자란 강아지를 찾아보세요!

다시 한 번 강조하지만, 앞으로 여러분과 오랫동안 함께 생활을 하게 될 건강한 반려견을 원하신다면 안정된 가정이나 환경이 좋은 번식장에서 태어난 강아지를 선택하는 것이 바람직합니다.

언제 강아지를 데려오는 것이 좋을까?

아직 여러분이 강아지를 입양할 준비가 안 되어 있다면 모르겠지만, 여러분이 강아지에 대한 공부를 마쳤다면 이제 강아지를 데려올 시기입니다. 이때 가장 중요한 포인트는 강아지의 입양 시점입니다. 대부분의 강아지는 언젠가는 원래 자신이 태어난 장소로부터 다른 가정으로 입양되어서 새로운 사람들과 생활을 하게 됩니다.

여러분이 강아지를 입양하는 가장 좋은 시기는 강아지에게 꼭 필요한 사회화 교육 스케줄과 강아지 입양에 관한 전문적인 지식수준과 준비 상태 등 다양하고 복합적인 요소들에 따라서 결정해야 합니다.

어떤 강아지라도 어미 곁을 떠난다는 것이 무섭고 마음에 상처가 될 수 있습니다. 그러므로 가능하면 강아지의 정신적인 두려움을 최소한으로 줄여주는 방향으로 진행하는 것이 최우선 과제입니다.

강아지가 태어난 생가로부터 떨어지는 시기가 너무 빠르면 형제들과 어미에 대한 초기의 사회화 과정을 놓치게 됩니다. 또한 새로운 집으로 와서 몇 주 동안은 다른 강아지들과 격리된 채 낯선 사람들과 지내게 되는 경우가 많기 때문에 강아지들에 대한 사회화가 부족한 상태로 성장하게 될 수 있습니다.

그렇다고 강아지가 태어난 생가에서 머무는 기간이 너무 길어지면 형제들과 부모에 대한 애착이 강해져서 오히려 떨어지기가 더 어려워집니다. 그뿐만 아니라 강아지를 생가로부터 데려오는 것이 늦어지면 앞으로 평생 같이 지내야 할 새로운 가족과의 중요한 친화가 어려워질 우려도 있습니다.

일반적으로 강아지를 입양하기에는 생후 8주 정도가 최적의 타이밍이라고 합니다. 생후 8주 정도면 어미 강아지와 형제들 사이에서 서로 간의 사회화가 충분히 진행됩니다. 그렇기 때문에 강아지를 집으로 데리고 와서 생후 약 3개월 정도가 될 때까지 다른 강아지들과의 교류를 잠시 중단하더라도 큰 무리가 없습니다. 또한 생후 8주 정도면 새로운 가족과 강한 유대 관계를 만들기에도 적합한 시기입니다.

하지만 강아지를 빨리 입양해서 새로운 주인과 함께 생활하는 것이 좋은지, 아니면 생가에서 좀 더 오랫동안 두는 것이 좋은지에 대한 판단의 척도는 어느 쪽이 강아지에 대한 전문적 지식이나 배려가 더 깊은가에 달려 있습니다.

만약에 브리더가 관련 분야의 전문가이고 어린 강아지에게 사회화 교육이나 배변 교육, 물기 장난감 트레이닝 같은 기본 교육을 훨씬 잘 가르쳐 줄 수만 있다면, 강아지를 가능한 한 길게 브리더 아래에 있게 하는 편이 나을 수도 있습니다. 일반적으로 양심적이고 헌신적인 브리더라면 처음 강아지를 키워보는 사람보다는 강아지에게 사회화 교육이나 배변 교육, 물기 장난감 트레이닝을 훨씬 잘 가르칩니다. 물론, 그것은 브리더가 책임감 있고 전문적인 지식을 겸비하고 있을 경우입니다.

그런데 유감스럽게도 브리더들 중에는 평범하거나 무책임한 사람도 있고, 강아지 농장 같은 열악한 환경에서 일하는 사람도 존재합니다. 만약 브리더가 평균 이하의 실력밖에 되지 않은 반면에, 오히려 입양하려는 사람이 경험이 많고 강아지에 대한 지식이 풍부할 경우에는 강아지가 생후 8주가 되기 전이라도 가능한 한 빨리 새로운 집으로 데리고 오는 편이 낫습니다.

실제로, 어린 강아지가 능력이 부족한 브리더나 열악한 환경에서 사람들의 따뜻한 사랑도 받지 못한 채 다른 강아지들과 뒤엉켜서 오랫동안 자라나게 되면 사람들에 대한 친화나 사회성이 부족하게 될 뿐만 아니라 여러 가지 교육적인 측면에서도 개선하기 어려운 강아지가 되어 버리고 맙니다.

강아지를 입양할까 성견을 입양할까?

일반적으로 가정에서 키울 강아지는 생후 6~8주 정도가 입양하기에 최적의 타이밍입니다. 그런데 가끔 생후 5~6개월이 지난 강아지를 입양해서 여러 가지 문제 행동으로 힘들어하는 사람들의 안타까운 얘기를 듣게 됩니다.

사람들이 애견 숍이나 분양 센터에서 5~6개월이 지난 강아지를 입양하는 이유는 대체로 두 가지입니다. 하나는 전에 어린 강아지를 분양받아서 키우다가 전염병 등으로 강아지가 무지개다리를 건너가 버린 경험이 트라우마가 돼서 어린 강아지보다는 어느 정도 자란 강아지를 입양하려는 경우입니다. 두 번째는 애견 숍에서 5~6개월이 지나도록 분양이 되지 않은 강아지를 아주 저렴하게 입양하는 경우입니다.

물론 6~8주 정도의 어린 강아지를 입양하는 경우나 5~6개월이 지난 강아지를 입양하는 경우에 각각 장단점이 있습니다.

강아지를 입양해서 처음부터 길렀을 때, 가장 좋은 점은 적절한 시기에 올바르게 가르친다면 나쁜 습관이나 버릇에 물들지 않고 강아지 주인이 자신의 라이프 스타일에 맞추어서 강아지의 행동과 기질을 올바르게 자리 잡아 줄 수 있다는 것입니다. 반면에 생후 5~6개월이 지난 강아지는 전염병이 걸리거나 병사할 위험은 줄어들겠지만, 이미 개선하기 어려운 여러 가지 문제 행동이 생기게 될 여지가 많습니다.

우선 가장 큰 문제는 생후 4개월까지로 한정된 '강아지 사회화 교육 시기'를 놓쳐버리는 것입니다. 강아지 사회성 부족은 모든 문제 행동의 원인이 되고, 한 번 사회화 시기를 놓쳐버린 강아지의 사회성을 회복시키는 것은 시간도 오래 걸리고 아주 어렵고 힘든 과정입니다. 그뿐만 아니라 애견 숍이나 분양 센터에서 다른 강아지들과 오랫동안 지내다 보면 여러 가지 나쁜 습관이나 버릇이 생길 수도 있습니다.

강아지가 5~6개월이 지나면 좋은 방향이든 나쁜 방향이든 간에 이미 습성과 매너, 기질은 완성 단계의 시점에 와 있습니다. 그리고 일단 강아지의 몸에 자리 잡은 나쁜 버릇이나 습성은 교정하기가 매우 어렵습니다. 그렇기 때문에 강아지를 선택할 때는 생후 6~8주 정도 된, 여러분의 마음에 드는 어린 강아지를 고르는 것이 현명한 방법입니다. 만약에 그래도 성장한 강아지를 선택하고 싶다면 부디 그 강아지의 교육 상태와 잘못된 습관이나 버릇을 파악한 후에 조심스럽게 결정하시기 바랍니다.

유기견 입양은 신중하게 결정하세요

어쩌면 동물 보호 시설이나 동물 보호 단체로부터 성견을 입양하는 것이 강아지를 데려다 키우는 것보다 개인적으로나 사회적으로 훌륭한 선택이 될지는 모르겠습니다. 물론 보호 시설에 있는 강아지들 가운데에도 전에 살던 가정에서 올바르게 교육받고 성장한 강아지들도 있습니다. 그렇지만 동물 보호 시설이나 동물 보호 단체에 수용되어 있는 많은 강아지 중에는 심각한 문제 행동 때문에 주인으로부터 버림받은 강아지들이 많습니다. 그래서 보통 사람들이 단지 애듯한 마음으로 그런 강아지를 입양하면 감당하기도 어려울 뿐만 아니라 설사 좋은 생각으로 교정을 해보려고 해도 시간이 아주 오래 걸리거나 교정이 불가능한 경우도 있기 때문에 전문가의 도움을 받아서 강아지를 입양하는 과정을 진행해야 합니다.

간혹, 어떤 사람들은 보호소에 있는 강아지를 불쌍하게 생각해서 헌신적인 마음으로 입양한 후에 과도하게 애정 표현을 합니다. 그러다가 강아지가 분리 불안증, 사회성 부족, 심하게 짖는 문제, 배변 문제, 심지어는 '알파 증후군' 같은 심각한 문제 행동을 연속적으로 일으키게 되면 깜짝 놀라서 고치려고 오랫동안 노력하다가 결국은 포기하고 다시 파양하게 되는 불행한 사태가 생깁니다. 그렇게 되면 입양했던 사람도 경제적으로나 정신적으로 많은 피해를 보겠지만, 파양된 그 강아지도 동물 보호 시설이나 동물 보호 단체에서 재입양 불가견으로 판정돼서 안락사 될 확률이 더 높아집니다. 그래서 유기견 입양은 신중하게 결정해야 합니다.

Part 03

미리
공부하세요

첫인상이 중요합니다

심리학자들이 연구를 통해서 밝혀낸 자료에 의하면 일반적으로 사람들이 낯선 사람을 처음 만났을 때 그 사람의 첫인상에 대한 판단은 대략 5초 안에 이뤄진다고 합니다. 그렇게 짧은 시간 안에 사람들의 머리에서는 상대방의 외모와 표정, 전체적인 분위기를 파악해서 '그 사람은 어떤 사람일 거야'라는 인식이 형성된다고 합니다. 그런 첫인상의 법칙을 '초두 효과'라고 합니다. 반면에 그렇게 단 5초 만에 형성된 첫인상이 사실과 다르다는 것을 상대방에게 다시 인식시키려면 40번 이상 만나서 다른 이미지를 끊임없이 전달해야만 겨우 바뀔 수 있다고 합니다. 이것은 말과 글을 사용하고 상대방의 조건과 환경을 이해하는 사람의 경우입니다.

사람의 경우가 그런데 하물며 단지 상대방의 태도나 전달되는 에너지와 느낌으로만 상대방을 판단하는 강아지는 어떨까요? 강아지에게 한 번 각인된 첫인상을 바꾸려면 얼마나 걸릴까요? 아니 얼마가 걸리든 과연 바꿀 수는 있을까요?

사람들은 어리고 귀여운 강아지를 입양해서 처음 만났을 때 보통은 이렇게 합니다.

"어머! 예쁘다! 아유 귀여워라!" 하고 강아지를 보자마자 애정이 듬뿍 실린 목소리로 감탄사를 연발하면서 들뜬 감정의 에너지를 계속 보내거나 안아주며 다양한 방법으로 애정 표현을 합니다. 그러면 강아지는 지금까지 자신의 어미에게서 느꼈던 리더의 침착하고 안정된 에너지와 전혀 다른 이미지를 느낍니다. 그러면 사람들의 좋은 의도와는 관계없이 강아지는 그것을 불안정한 에너지로 이해합니다. 그뿐만 아니라 강아지 입장에서는 상대방이 자신을 존중한다고 생각하거나 상대방이 약하다고 느끼면서 다소 부정적으로 받아들일 수도 있습니다. 그렇게 되면 사람들은 강아지와의 첫 만남에서부터 별로 바람직하지 않은 이미지를 주게 됨으로써 강아지에게 앞으로 여러 가지 나쁜 상황을 만들 수도 있는 부적절한 첫인상을 심어주는 것입니다.

그다음에 사람들은 또 어떤 행동을 할까요?

강아지가 자신에게 다가올 때까지 기다려 주는 것이 아니라 바로 다가가서

강아지교육노트

강아지의 눈높이까지 몸을 낮추고 끊임없이 애정 표현을 합니다. 주로 강아지를 쓰다듬거나 뺨을 비비거나 심지어는 뽀뽀까지 해대면서 그런 행동을 교감이라고 생각합니다. 사실, 동물의 세계에서 그런 행동들은 말단의 구성원이나 새끼들이 절대적인 리더에게 존경을 표시하는 방법일 뿐입니다. 사람들이 그렇게 행동하면 강아지가 '아! 인간들은 애정이 많고 감정이 풍부한 리더구나. 사람들이 나에게 이렇게 애정을 주니까 나도 말을 잘 듣고 은혜를 갚아야지!'라고 생각할까요?

천만에요! 강아지는 사람들이 자신에게 자세를 낮추고 다가와서 눈을 맞추고 최대한의 경의를 표한다고 생각해서 자신이 리더이고 사람들은 자신을 추종하는 부하라는 첫인상을 갖게 되고, 그것은 평생 강아지의 생각이나 행동에 절대적인 영향을 끼치게 됩니다.

자! 그렇다면 여러분이 강아지를 처음 만날 때 어떻게 행동해야만 강아지에게 바람직한 첫인상을 주게 될지 한번 생각해봅시다.

우선, 처음에 강아지를 만나면 예쁘고 귀여워서 어쩔 줄 모르겠지만 감정을 조절해서 침착하고 안정된 태도를 취해야 합니다.

다음에는 강아지와 눈높이를 맞추거나 쓰다듬거나 뺨을 비비는 등 혹시라도 강아지가 착각이나 오해할 수 있는 행동을 하면 안 됩니다. 또한 강아지가 여러분에게 다가올 때까지 먼저 다가가서도 안 됩니다. 개나 늑대의 리더는 어떤 경우에도 절대로 부하에게 다가가서 애정 표현을 하지 않습니다. 만약에 알파인 리더가 그런 행동을 하면 부하들이 감사하다고 생각하기보다는 오히려 리더가 무리를 지키기에는 나약하다고 판단해서 도전을 받게 될 수도 있습니다.

여러분은 강아지가 다가올 때까지 기다리거나 꼭 필요하면 오라고 지시를 하면 됩니다. 그렇게 해서 강아지가 여러분에게 다가와서 뺨을 비비거나 손을 핥거나 하는 접촉을 시도하면서 경의를 표시하면 그때 비로소 강아지에게 "옳지, 잘했어!" 하면서 가벼운 애정 표현이나 칭찬을 해주면 됩니다.

아마 이 책을 읽으시는 사람 중에는 "아니 귀여운 강아지를 입양해서 다가가지도 못하고, 안아주지도 못하고, 쓰다듬어 주지도 못한다면 왜 강아지를 키우나요?" 하고 버럭 화를 내고 싶은 분도 있을 것입니다.

물론, 저도 동의합니다. 그리고 여러분이 강아지가 너무나 사랑스럽고 귀여워서 이런 전문가의 조언을 실천하기가 정말 어렵다는 것도 잘 압니다. 단지 여기서는 첫 만남에서 강아지가 느끼는 첫인상이 강아지의 삶에 얼마나 중요한가를 얘기하는 것입니다. 강아지를 어루만지고 안아주고 쓰다듬어 주는 행동이 사람들의 신체 건강이나 정신 건강에 도움을 준다는 연구 결과도 많습니다. 그리고 귀여운 강아지에게 다가가서 쓰다듬어 주려는 행동이 인간의 자연스럽고 아름다운 특성이기도 합니다. 하지만 어찌 보면 그것은 강아지를 올바르게 키우려는 노력이라기보다는 강아지에게 애정을 주고 싶은 자신들의 욕구를 충족하려는 것일 수도 있다는 생각이 듭니다.

강아지와의 첫 대면이 잘 돼서 강아지가 착각이나 오해를 하지 않고 항시 따르는 입장으로 주인에게 다가오면 절제된 방법으로 애정을 표시해도 됩니다. 그렇게 되기까지 어떤 강아지는 한두 시간이 걸릴 수도 있고, 또는 하루나 이틀이 걸릴 수도 있겠지만 여러분은 적어도 일주일 정도는 감정을 억제하고 강아지에게 사람들이 리더라는 인식을 심어주도록 노력해야 합니다.

우리가 강아지를 처음 만나는 자리에서 강아지가 오해할 수 있는 방법으로 애정을 표현하면 강아지에게 잘못된 사인을 주게 돼서 결국에는 강아지를 불행하게 만드는 심각한 문제 행동을 일으키는 원인이 될 수도 있기 때문에 주의해야 합니다. 다시 말해서 사람들과 마찬가지로 강아지들도 첫 만남에서 느끼는 첫인상이 아주 강력하고 오래 지속되며, 한 번 각인된 첫인상의 이미지는 사람보다 더 바꾸기가 어렵다는 것을 이해하고 첫 만남부터 현명하게 행동해야 하는 것입니다.

새로운 강아지를 데려온 후 며칠 동안은 강아지에게 지나치게 넘치는 애정을 주지 않도록 조심해야 합니다. 그렇게 하지 않으면 강아지는 사람들이 잠시라도 관심을 주지 않거나 낮에 여러분이 일하러 가고 아이들이 학교에 가서 텅 빈 집에 홀로 있을 수밖에 없게 되었을 때, 낑낑거리거나 짖으면서 안절부절못하는 분리 불안을 겪게 됩니다. 당연히 강아지는 무섭거나 외로움을 느낄 것입니다. 강아지는 태어나서 지금까지 항상 어미 개나 형제들, 혹은 돌봐주는 사람들이 자신 곁에 있었을 테니까요.

강아지가 새로운 가정에 와서 사람들이 과도한 애정 표현을 하지 않고 며칠 동안만 혼자서 얌전히 지낼 수 있도록 적응시켜주면, 강아지의 분리 불안을 가라앉힐 수 있습니다.

그렇게 강아지를 처음 대하는 인상이 매우 중요하며, 앞으로도 그 느낌이 쭉 꼬리를 물며 지속된다는 점을 잊지 말아 주세요. 또한, 현실적으로 강아지가 일반 가정에서 생활하는 경우에는 몇 시간이나 때로는 며칠 동안도 혼자서 지내야 하는 경우가 생길 수 있기 때문에 그럴 때를 대비해서 강아지가 혼자서 잘 지낼 수 있도록 시간을 들여서 미리 가르쳐 주는 것이 중요합니다.

그렇게 하지 않고 강아지가 별안간 혼자 남겨지게 되면 불안감으로 물건들을 물어뜯거나 짖거나 하울링을 하는 나쁜 버릇이 생기게 됩니다. 그리고 일단 그런 문제 행동이 강아지 몸에 한 번 새겨지면 교정하기가 무척 어렵습니다.

물기 장난감 놀이를 가르치세요

🐾🐾

강아지는 사회적이며 호기심이 강한 동물입니다. 특히 집 안에 아무도 없이 혼자 남아있게 되면 무엇인가를 하지 않고서는 배기지를 못합니다. 그러면 강아지가 무엇을 하면 좋을까요?

TV를 보게 할까요? 아니면 라디오를 듣게 해줄까요? 여러분의 강아지가 오랜 시간 혼자 있게 되었을 때 하루를 지루하지 않게 보내기 위해서는 무엇인가 대체 요법을 가르쳐 주지 않으면 안 됩니다.

여러분의 강아지가 울타리 안에 넣어준 물기 장난감을 굴리거나 깨물기 놀이를 하며 즐거운 시간을 보낼 수 있는 방법을 익히도록 가르치는 것이 좋습니다. 그렇게 물기 장난감 안에 사료나 간식을 채워 두고 강아지가 물기 장난감을 굴려서 빼먹도록 유도하는 습관을 들이게 되면, 며칠 후에는 식기도 필요 없어지고, 강아지는 물기 장난감 속의 먹이를 빼먹는 놀이에 열중하게 되어 혼자 남겨진 외로움이나 울타리 안에 있는 것조차도 잊어버리게 됩니다.

강아지가 혼자서도 잘 지내는 홈 얼론 교육을 하기 위해서는 먼저 여러분이 집에 있을 때에 강아지와 물기 장난감을 활용하는 게임을 하는 것이 좋습니다. 예를 들면, 물기 장난감 찾아오기나 물기 장난감 굴리기 같은 놀이입니다. 그러면 강아지는 물기 장난감을 갖고 노는 습관에 바로 익숙하게 됩니다.

강아지가 물기 장난감을 좋아하도록 가르치면 강아지가 아무거나 물어뜯는 나쁜 행동을 예방할 수 있으며, 쓸데없이 짖는 행위도 예방할 수 있습니다. 왜냐하면, 강아지가 무는 행동과 짖는 행동을 동시에 할 수는 없기 때문입니다. 또한, 강아지가 물기 장난감에 열중하면 많은 에너지를 소모하기 때문에 부드럽고 조용한 강아지로 변해 갑니다.
그뿐만 아니라 강아지가 물기 장난감을 좋
아하게 만들어 주면 분리 불안증과 같은
강박성 장애를 미리 예방하거나 치유하는
데 매우 효과적입니다. 물론 단지 물기 장
난감 놀이만으로 강박성 장애가 완치된다고 말할 수는 없겠지만, 무엇보다
가장 중요한 것은 강아지가 혼자 남겨졌을 때 먹이가 채워져 있는 물기 장난
감에 관심을 갖고 놀게 되면 불안감을 잊어버리고 즐거운 시간을 보낼 수 있
기 때문에 분리 불안을 효과적으로 미리 예방할 수 있다는 것입니다.

물기 장난감이란
강아지가 깨물거나 굴리면 안에 넣어놓은 사료나 간식이 조금씩
나오도록 만들어진 장난감입니다. 요즈음 시중에는 다양한 종류
의 물기 장난감이나 비슷한 놀이 기구들이 많이 나와 있는데 그
중에서 좋은 물기 장난감을 고르는 방법은 다음과 같습니다.

◖ 물기 장난감은 강아지가 깨물더라도 잘 부서지지 않으며 공처럼 잘 굴러서 강아지의 흥미
를 유발할 수 있도록 만들어진 것이 좋습니다.
◖ 강아지가 물기 장난감을 굴릴 때 일정한 패턴으로 안에 있는 음식물이 나오는 것보다는 보
호자가 음식물이 나오는 양과 시간을 조절할 수 있도록 만든 제품이 훨씬 좋습니다.
◖ 물론 위와 같은 조건의 적합한 물기 장난감이라면 어떤 제품을 사용하든 관계가 없지만, 저
의 경험에 비추어 볼 때 가장 효과가 좋고 강아지들이 쉽게 익숙해지는 물기 장난감은 펫
세이프사의 비지버디 트위스트와 비스켓 볼, 그리고 Kong사 제품 등이 가장 좋았습니다.

🐾 식사를 물기 장난감으로 주세요

일반적으로 강아지에게 식사를 주는 방법은, 정해진 시간에 일정량의 사료를 식기에 담아서 주는 것입니다. 항상 그런 방법으로 급식을 하면 강아지는 사료를 줄 때마다 빨리 달라고 흥분해서 시끄럽게 짖거나 사료를 먹고 싶어서 식기를 향해 뛰어오릅니다. 강아지가 그렇게 행동을 한 다음에 식사를 주면 강아지는 그 순간에 주는 식사 자체가 자신이 짖거나 뛰어오르는 행동에 대한 보상이라고 생각하게 되어 식사 때마다 똑같은 행동을 반복하는 나쁜 습관이 될 수도 있습니다. 그뿐만 아니라 그렇게 식기에다 넣어 준 저녁 식사를 단번에 빨리 먹어 버리고 나면 강아지는 남은 하루 동안 할 일 없이 지루하게 보내야 합니다.

동물 생태 연구에 관한 보고서에 의하면 야생 상태의 개는 깨어 있는 시간 중에 90%의 시간을 먹이를 찾는 과정에 소비하면서 지낸다고 합니다. 그런데 집에서 키우는 강아지에게 매일 식기에다 사료를 주면 강아지에게 가장 중요한 '먹이 찾기'라는 필요한 활동 시간을 빼앗아 버리는 꼴이 되어버립니다. 그러면 호기심 가득하고 에너지가 넘치는 어린 강아지는 할 수 없이 종일 여러분들이 원하지 않는 나쁜 행동을 하게 될 것입니다.

새로 입양해 온 강아지나 성견에게 항상 식기에다 사료를 주는 것은 강아지를 키우는 방법이나 교육적 측면에서 바람직하지 않습니다. 강아지 주인의 입장에서는 그렇게 하는 것이 당연한 행동이지만, 강아지가 먹이를 구하는 기쁨을 빼앗는 꼴이 될 뿐만 아니라 가정의 예절 교육을 몸에 익히는 데도 방해가 됩니다.

어떤 의미에서는 식기에 사료를 담아 줄 때마다 강아지가 살아가는 이유가 하나씩 없어진다고 할 수도 있겠습니다. 강아지가 식기에 담아 주는 아침 식사를 순식간에 먹어 버리면 불쌍하게도 '오늘은 하루 종일 뭘 하면서 남은 시간을 보내야 하지?'라는 생각으로 멍하니 있게 되거나 주인이 원하지 않는 나쁜 행동을 하기 시작합니다. 강아지가 그렇게 혼자 무료한 공백의 시간을 보내다 보면 물어뜯거나 쓸데없이 짖거나 이리저리 뛰어다니거나 혀로 몸을 핥는 등 본래 비정상적인 행동들이 상동 작용화 되어 그것을 몇 번이고 반복하는 부적절한 습관으로 변해 버리고 맙니다.

예를 들어, 강아지가 처음에는 물건을 살펴보기 위해서 물고 있었으나 나중에는 파괴적으로 물어뜯어 버리는 행동, 위험을 느낄 때에만 잠시 짖던 강아지가 끊임없이 짖어대는 행동, 같은 곳을 몇 번이고 계속 빙글빙글 도는 행동 같은 것들입니다. 또한 그림자나 빛을 쫓아다니는 것에 병적으로 집착하는 경우도 있습니다. 심한 경우에는 집요하게 신체의 일정한 부위를 핥고 바닥을 긁거나 혹은 자신의 꼬리를 쫓아 계속해서 빙글빙글 돌거나 자신의 머리를 땅바닥에 짓누르는 '상동 행동'으로 변하고, 극단적인 경우에는 자해 행위로 이어지는 경우도 발생합니다. 그런 상동 행동의 빈도가 높아질수록 생활하는 데 유익한 순응적인 반응들이 점점 줄어들게 됩니다. 결국 강아지는 불안정한 상태에 빠지게 되어 끊임없이 짖거나 어슬렁거리며 자신의 신체를 물고 허공을 쳐다보는 등 불안정한 상태로 진행하게 됩니다. 수의학적 견지에서는 그런 강아지들의 상동 행동을 '행동 암'의 일종이라고 이야기합니다.

여러분이 입양한 강아지 조기 교육의 핵심은 강아지가 주인과 같이 있거나 혼자 남게 되더라도 스트레스 없이 평화롭게 하루를 보낼 수 있는 방법을 가르쳐 주는 것입니다.

강아지의 사료를 '콩'이나 '비지버디'에 넣어서 주면 강아지는 그것을 굴리며 음식을 꺼내 먹는 데에만 열중하게 되어 몇 시간이고 스트레스 없이 즐겁게 지낼 수 있을 뿐만 아니라 물기 장난감에 집중하는 동안에는 두려움이나 쓸쓸함을 느끼지 않게 됩니다. 또한 강아지가 물기 장난감에 익숙해지면 충분한 운동을 하게 되어 건강해지고 정서가 안정되는 등 좋은 점이 아주 많습니다.

🐕 항상 물기 장난감에 먹을 것을 채워 놓으세요

여러분이 물기 장난감에 사료를 넣어서 강아지에게 주면 강아지가 비만이 될 일도 없습니다. 집에 있을 때나 외출에서 돌아오면 항상 물기 장난감을 확인하고 가득 채워주세요. 그렇지만 강아지의 신체적 밸런스와 심장, 간을 보호하기 위해서는 트레이닝할 때 사용하는 간식은 최소한으로 절제하는 것이 좋습니다.

강아지에게 기본예절을 가르치거나 보상 교육용으로는 사료 같은 음식을 미끼로 사용하는 것이 좋으며, 간식은 주로 배변 훈련을 시작할 때나 강아지를 데리고 나가서 사회화 교육을 할 때, 혹은 강아지가 주인의 지시를 아주 훌륭하게 실행했을 때만 최고의 보상으로 사용하는 것이 좋습니다.

강아지를 데려와서 처음부터 먹이를 채운 각종 물기 장난감을 주면 강아지는 점차 물기 장난감 없이 하루를 지낸다는 것은 생각할 수도 없게 되어 버립니다. 언제나 물기 장난감을 굴리고 깨무는 즐거운 습관을 몸으로 기억하게 되는 것입니다. 그렇게 되면 이제 여러분의 강아지는 여러분과 같이 있거나 혼자 있게 되더라도 언제나 하루의 대부분을 물기 장난감을 굴리면서 즐거운 시간을 보낼 수 있게 됩니다.

강아지가 종일 얌전히 물기 장난감에 열중하면 개선되는 나쁜 습관은 어떤 것들이 있을까요?

먼저, 물어뜯어서는 안 되는 일상용품을 물어뜯지 않게 됩니다. 필요한 경우에는 짖을 수도 있겠지만, 쓸데없이 심하게 짖는 행동은 하지 않습니다. 그리고 집에 혼자 남겨진다고 하더라도 두려워하거나 돌아다니면서 안절부절못하거나 흥분을 주체하지 못하는 '상동 행동'을 하지 않게 될 것입니다.

강아지가 물기 장난감을 깨물면서 즐겁게 노는 행동의 더 좋은 점은 물기 장난감 놀이를 하고 있는 동안에는 주인이 원치 않는 나쁜 행동을 하지 않는다는 것입니다.

강아지의 스트레스를 해소하는 방법으로도 먹이가 채워진 물기 장난감이 최고입니다. 특히 분리 불안증 같은 강박 관념에 사로잡혀 있는 강아지에게는 물기 장난감을 활용하는 것이 가장 효과적입니다. 이렇게 강아지의 여러 가지 나쁜 습관이나 행동 문제를 간단하고 확실하게 예방하고 교정할 수 있는 도구는 이 세상에 물기 장난감밖에 없습니다.

미끼 보상 훈련이 좋습니다

강아지를 가르치려고 어떤 훈련 기법을 활용하든 간에 장단점은 있기 마련이지만, 지금까지 사용해온 여러 가지 강아지 훈련 방법 중에서 가장 좋은 것은 음식을 활용하는 '미끼 보상 훈련'이라고 단언할 수 있습니다.

'미끼 보상 훈련'이란 강아지에게 맛있는 간식이나 사료 같은 음식물을 미끼로 보여주면서 관심을 유도하고, 여러분이 원하는 행동을 하도록 지시해서 즐겁게 잘 따르면 그에 대한 보상으로 준비한 음식물을 주는 기법으로, '긍정 강화 교육 방법'입니다.

강아지 훈련에 음식을 미끼로 사용하는 이유는 효과가 있을 뿐만 아니라 즉

각적으로 반응이 나타나기 때문입니다. 실제로 음식을 미끼로 하는 미끼 보상 훈련 기법은 어린 강아지의 초기 훈련 단계에서는 물론이고 성견들을 가르치는 훈련 방법으로도 유용하게 사용할 수 있습니다.

보통 여러분이 강아지에게 원하는 행동을 하도록 가르치기 위해서는 음식물 미끼와 수신호, 그리고 명령어를 동시에 같이 사용하기도 합니다.

강아지가 미끼 보상 훈련으로 주인의 명령이나 수신호의 의미를 배우고 잘 따라 하게 되면 음식을 통한 미끼 보상 단계는 더 이상 필요하지 않기 때문에 대략 5번에서 10번 정도 반복 교육을 하고 나서 서서히 음식을 사라지게 해야 합니다. 그렇게 되면 강아지가 새로 가르친 명령어와 수신호로 우리가 원하는 행동을 하도록 만드는 데 음식이 효과적으로 사용되었다고 볼 수 있습니다.

음식을 사용하는 미끼 보상 훈련 방법이 특별히 효과적인 경우는 강아지 훈련 초기 단계와 주의가 산만하지 않은 상황에서 사용할 때입니다. 또한 이 훈련 기법은 사람과 강아지가 멋진 훈련의 출발을 할 수 있도록 해주며 즉각적이고도 엄청난 성공을 경험하도록 해줍니다.

강아지 훈련이 진행됨에 따라서 음식으로 보상하던 방법은 칭찬이나 스킨십, 좋아하는 장난감, 게임, 산책과 같은 좀 더 의미 있는 인센티브로 발전시

켜 나가야 합니다. 그렇게 하면 결국에는 보상을 하지 않아도 강아지는 여러분이 원하는 행동이나 지시를 잘 따르게 됩니다. 왜냐하면 이제 여러분의 강아지는 훈련 자체가 하고 싶은 즐거운 행위가 되었기 때문입니다. 사람들이

춤추고, 스키 타고, 골프 치는 법을 배우는 것과 같이 그런 행동을 하는 것만으로도 보상 그 이상으로 즐겁기 때문입니다.

음식으로 유혹하기와 보상하는 훈련 방법은 강아지 교육의 모든 면에서 마술과 같은 힘을 발휘합니다. 특히 성견들의 순종적인 훈련이나 행동 교정 훈련에도 효과가 있으며 성품 훈련에 가장 효과가 좋습니다.

대부분 강아지가 좋아하는 최고의 미끼가 음식이긴 하지만, 일단 여러분의 강아지가 음식을 미끼로 활용하는 훈련 방법에 능숙해지면 점차 칭찬이나 물기용 장난감 등을 보상으로 사용할 수 있습니다. 또한 손뼉을 치거나 클리커 소리를 이용할 수도 있습니다.

미끼 보상 훈련 방법의 초기 단계에서 가장 편리하고 사용하기 쉬운 것은 강아지 사료나 간식이지만, 가능한 한 빠른 시기에 좀 더 의미 있는 '옳지'나 '잘했어' 같은 일상생활에서의 칭찬으로 보상을 바꿔주어야 합니다. 그렇게 하면 강아지는 여러분의 따뜻한 마음과 사랑이 담겨있는 목소리로 해주는 칭찬을 당연히 더 좋아하게 되고, 칭찬과 함께 다정한 손으로 쓰다듬어 주는 표현은 강아지에게 너무나 감사한 보상이 될 것입니다.

미끼 보상 훈련의 장점

1. 어린 강아지를 가르치기에 매우 편리하고 좋은 교육 방법입니다.

2. 강아지를 가르치려는 아이들이 사용할 수 있는 최선의 교육 방법입니다.

3. 겁이 많거나 공격적인 강아지들의 사회화 교육이나 기질 훈련에도 효과적입니다.

4. 모든 견종의 강아지들에게 다양한 교육과 행동 교정을 하는 데 적합한 훈련 방법입니다.

🐾 미끼 보상을 단계적으로 없애는 방법

강아지 훈련 상담을 하다 보면 "우리 강아지는 간식이 있으면 시키는 대로 잘하는데 간식이 없으면 말을 안 들어요!"라는 얘기를 자주 듣습니다. 그렇다고 강아지를 탓할 필요는 없습니다.

지금부터 음식물 미끼 보상 방법을 이용해 강아지를 훈련한 다음에, 음식물 보상을 단계적으로 없애서 강아지가 간식이 있거나 없거나 말을 잘 듣도록 하는 방법을 가르쳐 드리겠습니다.

미끼 보상 훈련 과정에서 음식물을 없애는 과정은 다음과 같이 4단계로 나누어 볼 수 있습니다.

제1단계 : 음식물 미끼 보상을 단계적으로 없애는 방법

강아지가 미끼를 들고 있는 여러분의 손에 관심을 갖고 집중하면 수신호는 아주 효과적인 훈련 수단이 될 것입니다. 수신호를 몇 차례 반복하면서 지시하는 말을 덧붙여 줍니다. 나중에는 말로만 지시를 내려도 강아지가 성공적으로 즉시 순종하는 모습을 보게 될 것입니다.

지시하는 말이나 수신호만으로 충분히 명령 전달이 되기 시작하면 음식 보상이 더는 필요치 않은 시점이 서서히 다가옵니다.

강아지가 아직 훈련이 미숙할 때에는 미끼용 간식을 주머니에 항상 넣고 다니다가 마음에 드는 행동을 하거나 지시에 잘 따르면 반드시 칭찬하면서 간식을 꺼내 줍니다. 하지만 매번 음식을 주지 않아도 됩니다. 강아지가 여러분의 주머니에 맛있는 음식이 들어있다는 것만 알고 있으면 훈련은 성공합니다. 강아지는 주인의 손에 간식이 없는 듯 보이지만 마술 같은 주머니에서 언제든지 맛있는 음식을 꺼내 줄 수 있다는 믿음을 갖게 되는 것이지요.

제2단계 : 음식물 보상 줄이기

여러분의 강아지가 '앉아!', '엎드려!', '기다려!' 같은 훈련이 얼마나 잘 되어 있는지 확인하고 싶다면 음식물 미끼를 써볼 만합니다. 한 손에 미끼용 간식을 갖고 있는 한 강아지 훈련은 더욱 쉽게 진행할 수 있습니다. 여러분은 강아지가 간식 하나를 받아먹기 위해서 얼마나 열심히 훈련에 임하는지 알 수 있을 것입니다.

강아지가 훈련에 익숙해져서 단지 수신호나 명령만으로 지시를 잘 따르게 되면 음식으로 보상하기를 매번 하다가 두 번에 한 번, 세 번에 한 번 이렇게 보상 횟수를 점점 줄여갈 수 있습니다. 다음에는 강아지가 지시에 잘 따르더라도 매번 보상하지 말고 평균보다 신속하게 세련된 반응을 보였을 때나 어려운 지시를 이행했을 때에만 보상을 주도록 하세요. 그것이 바로 두 번째 발달 과정입니다. 즉 여러분의 강아지는 주인의 주머니에 간식이 들어 있고 매번 정확하게 반응한다 하더라도 그때마다 항상 보상받는 건 아니라는 사실을 차차 알게 될 것입니다.

제3단계 : 음식물 보상을 단계적으로 없애기

자! 이번 단계에서는 여러분이 음식으로 보상하는 대신에 칭찬해주고 등을 쓰다듬어주거나 장난감이나 즐거운 놀이같이 강아지가 좋아하는 것으로 보상해주는 것입니다. 그것이 바로 세 번째 도약 단계입니다. 즉 강아지는 주인의 주머니에는 항상 맛있는 음식이 들어있지만, 때로는 음식보다 더 좋고 즐거운 보상이 기다리고 있다는 사실을 알게 될 것입니다.

제4단계 : 보상을 단계적으로 없애기

마지막에는 강아지가 여러분이 원하는 행동을 하거나 지시에 잘 따르더라도 더 이상 보상을 주지 않습니다. 보상을 주는 것은 항상 여러분의 선택 사항이고 강아지에게 즐거운 일임이 틀림없지만, 앞으로는 강아지가 보상을 바라고 여러분의 지시를 따르기보다는 강아지가 스스로 즐거운 마음으로 당신의 명령에 순종하는 태도를 배워야만 합니다.

이 네 가지 단계의 비약적인 발전 과정을 마친 다음에는 외부 보상이 더는 필요하지 않게 될 것입니다. 이제 강아지는 스스로 자기 통제를 할 수 있는 습관을 몸에 익혔기 때문에 칭찬을 받거나 주인이 원하는 바람직한 행동을 하는 것 자체가 보람된 보상이 됩니다. 사람들이 누가 시키지 않아도 좋아서 책을 보고, 달리기하고, 자전거를 타거나 스포츠를 즐기고, 춤을 추는 것과 같은 이치입니다. 보상은 더 이상 필요하지 않고, 이제는 강아지 스스로 즐거운 마음으로 행동한다는 데 큰 의미가 있는 것입니다.

Q&A 어떤 사람들의 걱정이나 변명

😊 음식을 이용하는 '미끼 보상 훈련 방법'을 사용하면 앞으로 우리 강아지가 음식에 너무 집착하게 되지 않을까요?

🐾 여러분의 강아지가 음식에 집착하고 흥분한다면 강아지에게 진정하는 것을 가르치기 위해서 음식을 사용할 수 있습니다. 음식을 활용하면 강아지를 안정시키는 훈련을 가르치기 쉽습니다.

우선 강아지가 여러분 손에 있는 간식이나 사료 냄새를 맡도록 한 후 강아지가 시끄럽게 짖거나 뛰어오르더라도 무시하고 기다리세요. 그리고 강아지가 얌전하게 앉을 때까지 기다렸다가 앉으면 칭찬과 함께 들고 있던 음식을 강아지에게 주세요. 그렇게 여러 차례 반복하세요.

강아지가 얌전하게 앉아서 기다릴 때까지 몇 초간 기다렸다가 음식으로 보상하면 강아지는 그것을 먹기 위해서 수 초간 조용하게 앉아서 기다리게 됩니다. 그것을 연속해서 반복할 때마다 매번 조금씩 기다리는 시간을 늘리고 강아지가 조용히 하는 기간도 늘리세요. 그렇게 하면 여러분이 손에 음식을 들고 있는 한 강아지는 언제든지 재빠르게 진정하고 그림처럼 예쁘게 앉아서 기다리게 됩니다.

💬 음식으로 유혹하는 것은 강아지에게 모욕적인 방법이에요!

🐾 천만에요! 강아지는 자기가 노력한 것에 대해서 음식으로 보상받지 못하면 오히려 모욕을 받았다고 생각할 겁니다. 저나 여러분도 일하고 나면 돈을 받을 것입니다. 그런데 왜 강아지가 여러분이 원하는 행동을 하거나 지시에 따른 대가로 보상을 받는 것이 강아지를 모욕하는 것이라고 생각합니까?

💬 우리 강아지는 내가 음식을 가지고 있을 때만 반응해요!

🐾 그런 경우는 아마도 여러분이 지금까지 제가 가르쳐 드린 대로 확실하게 미끼 보상 훈련의 원칙을 지키지 않았기 때문일 것입니다. 다시 읽어보세요.

음식물 미끼를 어떻게 언어적 명령으로 대체하고 단계적으로 없애 가는지, 그리고 음식물 미끼 보상을 어떤 방법으로 수신호와 일상생활에서의 의미 있는 보상으로 대체하는가를 다시 공부해 보세요.

💬 우리 강아지가 음식 때문이 아니라 진심으로 저를 존경하길 원해요!

🐾 여러분이 강아지를 엄격하게 대하고 벌을 통해서 훈련하면 미끼와 보상을 통해서 가르치는 경우보다 여러분을 더 존경할 것이라는 말처럼 들리는데, 그런 생각은 사실 상당히 위험한 논리입니다.

과거 강아지의 존경심을 얻기 위해서 강아지를 괴롭히고 육체적인 처벌이 필요하다고 주장했던 훈련사들을 생각해보세요. 그런 잘못된 개념 때문에 강아지만 고통을 받는 것입니다. 하지만 미끼 보상 훈련을 통해서 강아지를 이해하고 배려와 사랑으로 교육한다면 여러분은 서서히 강아지의 신뢰와 존경을 얻게 될 것입니다.

저도 여러분의 강아지가 자기 주인을 존경하길 바랍니다. 특히 아이들의 요구와 감정을 존중하길 원합니다. 강아지가 어린이를 잘 따르도록 할 수 있는 가장 좋고 간편한 방법은 미끼 보상 훈련입니다.

복종 훈련은 쉽고 재미있어요

강아지에게 기본적인 자세를 가르치는 '훈련'이라는 단어를 부정적으로 인식하거나 그 말이 곧 강아지를 학대하는 것처럼 이해하고 반대하는 동물 보호 단체들이 있는 것도 사실입니다. 그러나 여기서 제가 말하는 강아지 훈련

이라는 의미는 전혀 그것과 다릅니다. 일반적으
로 '복종 훈련'은 사회화 교육이나 배변 교육
처럼 기본적으로 공동 사회에서 살아가는
데 필요한 소양을 가르치거나 물기 억제 교
육, 울타리 적응 교육같이 강아지가 성장하
는 과정에서 생길지도 모르는 여러 가지 문제
행동을 예방하기 위해서 진행하는 과정이라고 얘
기할 수 있습니다.

여러분이 키우는 강아지에게 오직 두 가지 명령만을 가르칠 수 있다고 한
다면 '앉아', '기다려'를 가르쳐야 합니다.

강아지의 사회화 교육이나 무는 힘을 억제하는 교육은 반드시 유견기에 가
르치지 않으면 안 되지만 '앉아'와 '기다려'를 가르치는 것은 언제라도 상관없
습니다. 따라서 그렇게 급한 것은 아닙니다. 그렇지만 어린 강아지에게 이 동
작을 가르치는 것은 정말 쉽고 재미있는 일이므로 강아지의 복종 훈련은 생
후 8주경에 집으로 데리고 온 그 날부터 시작하는 것이 좋습니다.

여러분의 집에서 태어난 강아지라면 생후 4~5주가 되면 기본 매너를 가르
치도록 하세요. 여러분의 강아지가 주인의 지시에 따라서 '앉아'나 '기다려'를
확실하게 할 수 있게 된다면 여러분이 가르치고 싶어 하는 '빵'이나 '악수' 같
은 재롱 교육을 가르치기도 쉽고, 미래에 예상되는 강아지의 문제 행동을 간
단하게 해결할 수 있습니다.

강아지 기본 매너 교육의 중요도 순위를 결정하는 것은 어려운 일입니다.

저는 키우는 강아지가 타인에게 폐를 끼치지 않는 범위 안에서 매너 있고
자유롭게 행동하는 강아지를 좋아합니다. 물론, 정식으로 예절 교육을 전혀

받지 않은 강아지와 즐겁게 지내는 사람들도 많이 있습니다. 자신이 키우는 강아지가 본인에게 완벽한 강아지라고 생각한다면 그렇게 해도 괜찮습니다. 그러나 강아지를 키우는 사람이나 다른 사람들이 그 강아지의 행동이 잘못되었다고 생각한다면 올바른 매너를 가르쳐 주어야 합니다.

사실, 강아지가 간단한 '앉아' 지시만 잘 따르도록 가르쳐 놓으면 잘못된 행동 문제의 대부분은 예방이 가능합니다. 사람에게 뛰어오르거나 문 사이를 빠져 달려나가거나 자신의 꼬리를 쫓아 돌거나 고양이를 쫓아다니는 등의 잘못된 행동들을 쉽게 고칠 수 있습니다. 그 외에도 수없이 많이 발생하게 될 강아지의 잘못된 행동을 교정하려고 하기보다 처음부터 '이리 와', '앉아', '엎드려', '기다려' 같은 복종 예절 교육을 하는 편이 훨씬 쉽고 간단합니다.

복종 훈련하기

여러분이 입양한 어린 강아지에게 '앉아', '엎드려', '기다려'와 같은 복종 예절 교육을 하는 방법은 정말 재미있고 쉬운 일입니다.

여러분이 강아지와 마주 앉아서 강아지가 여러분을 주시하면 준비한 간식을 엄지와 검지 두 손가락으로 꼭 잡고 강아지의 코앞에서 상하로 흔들어 봅니다. 강아지가 간식을 쳐다보고 반응해서 움직이는 간식을 따라 고개를 끄덕인다면 이제부터 강아지는 교육을 시작할 준비가 된 것입니다.

① 앉아!

강아지가 서 있는 상태에서 '앉아'를 가르치는 첫 번째 단계는 아래와 같습니다.

1. 먼저 "조이, 앉아."라고 지시하세요.
2. 동시에 강아지에게 간식을 보여주고 코앞에서부터 머리 위쪽으로 천천히 움직입니다. 그

렇게 하면 강아지가 간식을 따라 머리를 올려서 위로 쳐다보려고 하면 자연히 허리가 아래로 내려가 앉게 됩니다.

3. 그렇게 강아지가 앉자마자 바로 "옳지!"라고 칭찬하며 보상으로 갖고 있던 간식을 줍니다.

그다음부터는 강아지가 간식을 따라서 앉는 동작이 익숙해지면 주인의 '앉아'라는 지시에 따라서 앉을 때마다 칭찬해주고 간식을 주면 강아지는 즐거운 기분으로 지시를 잘 따르게 됩니다.

② 엎드려!
다음은 강아지가 앉아 있는 상태에서 '엎드려'를 가르치는 방법입니다.

1. 강아지가 앉아 있는 상태에서 "조이, 엎드려." 하고 지시하세요.
2. 동시에 간식 한 조각을 엄지와 검지로 꼭 잡고 강아지 입 가까이에다 갖다 댄 상태에서 손바닥을 아래로 하여 강아지의 앞발 쪽으로 천천히 내린 다음에 인내심을 갖고 기다리세요. 그러면 강아지는 간식을 먹으려고 코끝을 내리고, 목 부분을 아래로 내리면서 자연스럽게 엎드려 자세를 취하게 됩니다.
3. 강아지가 주인의 지시대로 납작 엎드리면 역시 "옳지, 잘했어"라고 칭찬하고 신속하게 음식물 보상을 해주세요.

'앉아'를 가르칠 때와 마찬가지로 세 번째 단계를 동일한 방법으로 반복 진행하면 됩니다.

③ 기다려!
강아지가 앉아 있거나 엎드려 있는 상태에서 '기다려!'를 가르치는 것은 아주 쉽고 간단합니다.

1. 먼저 강아지를 앉거나 엎드리게 한 다음에 간식 한 조각을 엄지와 검지로 잡고 보여주며 "조이 기다려" 하고 지시합니다.
2. 그런 다음에 약 50cm 정도 떨어진 상태에서 손바닥을 활짝 펼쳐 보이며 기다리라는 수신호를 하면서 강아지에게 "기다려!" 하고 재차 지시를 합니다.
3. 일단 강아지가 여러분의 지시에 따라 기다리면 잠시 후에 역시 "옳지, 잘했어"라고 칭찬하고 신속하게 음식물 보상을 해주세요.

'앉아'나 '엎드려'를 가르칠 때와 마찬가지로 동일한 방법으로 반복 진행하면 됩니다. 이때 주의할 점은 처음부터 강아지를 오랫동안 기다리게 하기보다는 처음에는 2~3초 동안 기다리게 하다가 점점 기다리는 시간을 늘려가는 방법이 효과적입니다.

다음에는 명령을 메들리로 연속해서 진행해 보세요. 몇 발자국 뒤로 물러서서 "이리 와"라고 말하고 간식을 흔듭니다. 강아지가 여러분 쪽으로 다가오면 칭찬해 주고, '앉아'와 '엎드려'를 시킨 다음에 간식을 줍니다. 그렇게 시간이 있을 때마다 '이리 와', '앉아', '엎드려'가 연속으로 가능할 때까지 몇 번이고 반복해서 가르치세요.

만지는 것을 좋아하는 핸들링 교육

여러분이 별안간 강아지의 목걸이를 잡으려고 하거나 단지 쓰다듬어주려고 손을 내밀 때 사람의 손을 두려워해서 물려고 하는 강아지가 상당히 많습니다. 귀 청소를 해주거나 이빨을 닦거나 발톱을 자르려고 할 때 자신을 지키려고 무는 강아지도 있습니다. 자신이 기르는 강아지를 마음대로 만질 수 없다는 것은 서운한 일이고, 강아지에게도 상당히 불행한 일입니다. 그뿐만 아니라 강아지들의 바람직하지 않은 문제 행동의 진행을 주인이 잘 모르고 있으면 강아지가 주인과 오랫동안 같이 살 수 없게 될 수도 있습니다.

그런 강아지들의 문제 행동을 간단한 핸들링 교육으로 아주 쉽게 예방할 수 있다는 것을 생각하면 정말 안타까운 일입니다. 잠재적으로 위험한 동물을 핸들링하려는 생각은 결코 새로운 것이 아닙니다. 그런데 놀랍게도 오늘날에는 '강아지를 길들인다'는 생각이나 교육이 거의 없어져 버렸습니다. 사람들은 강아지가 동물이라는 것을 잊어버리고 친근하다고 생각해서 모든 강아지가 잠재적으로 위험성을 가지고 있다는 사실을 간과하고 있습니다.

하지만 사람들이 강아지를 올바르게 가르치지 않으면 강아지도 위험한 동물처럼 자라게 됩니다. 즉 사람의 접근이나 접촉에 스트레스를 받아서 동물 특유의 방법으로 으르렁거리거나 물어뜯는 행동으로 반응하게 됩니다. 또한, 그런 반응은 강아지의 밥그릇, 장난감, 강아지의 잠자리에 사람이 다가갔을 때 주로 일어나기 쉽습니다. 따라서 강아지 주인은 강아지가 기본적으로 동물적 본성을 갖고 있다는 사실을 인식하고, 다른 사람들도 만질 수 있는 강아지로 키우기 위해 적극적인 대책을 취하지 않으면 안 됩니다. 많은 강아지 주인들이 자신의 강아지는 사람이 만지는 것을 좋아할 것이라고 단순하게 생각하고 있기 때문에 강아지가 사람을 물면 쇼크를 받습니다.

먼저 우리가 강아지에게 사람을 두려워할 이유도 없고 물 필요가 전혀 없다는 것을 가르쳐 주어야 합니다. 그러면 강아지는 자신감을 갖게 되어 사람들의 핸들링이 아주 즐거운 일이라는 것을 알게 될 것입니다. 또한, 강아지에게 정기적으로 핸들링 레슨을 함으로써 장래에 어떠한 문제가 일어나더라도 강아지 주인은 자신의 강아지를 컨트롤할 수 있다는 자신감을 갖게 됩니다. 그래서 손으로 강아지를 길들이는 교육은 매일 진행해야 합니다.

　자신감이 없는 강아지, 겁쟁이 강아지, 지배적인 강아지들을 올바르게 키우기 위해서는 다양한 방법으로 강아지를 가르쳐야 합니다. 그런 기초적인 교육을 규칙적으로 하면 강아지가 사람을 물어뜯는 사고를 예방할 수 있고, 그러면 많은 강아지의 생명을 구할 수 있게 될 것입니다.

🐕 핸들링 교육이 필요한 이유

　대부분의 강아지는 정기적인 그루밍이나 이빨 닦기, 귀 청소, 발톱 깎기, 또는 항문낭 짜기를 해야 합니다. 강아지 주인은 가능한 한 빨리 강아지가 그러한 손질에 익숙해지도록 해야 하며, 강아지가 어떻게 반응하는지도 알아두어야 할 필요가 있습니다. 귀 청소를 하려고 귀를 약간 만지는 것만으로도 강아지가 예민해진다는 것을 사전에 미리 알고 있으면 악의 없이 강아지의 귀를 만져서 일어날 수 있는 문제도 미리 방지할 수 있습니다.

　강아지는 수의사나 미용사가 만지더라도 차분하게 있을 수 있도록 가르쳐야 할 뿐만이 아니라 기본적인 건강 체크를 위하여 강아지의 신체 각 부분을 정기적으로 검사하기 위해서라도 핸들링 교육이 필요합니다. 눈, 코, 이빨, 잇몸, 발톱, 발바닥의 둥근 패드와 발가락 사이, 피모와 피부, 꼬리도 잘 살펴봐야 합니다. 강아지 주인 중에는 자신의 강아지 꼬리 아래를 한 번도 체크해 본 적이 없는 사람도 있습니다.

🐕 강아지의 입과 이빨을 관리하는 방법

　강아지의 입을 체크할 때, 강아지 주인은 우선 윗입술을 엄지손가락으로 부드럽게 뒤집어서 그대로 몇 초간 이빨이 보이도록 해둡니다. 그것이 가능해지면 단 1초 동안만 강아지의 입을 벌리게 하면 됩니다. 이것을 조금씩 더, 몇 초씩 늘려가면 입을 벌린 채로 이빨 체크가 가능하게 합니다. 이때에도 강아지를 많이 칭찬하거나 때때로 간식 한두 개를 주는 것이 좋습니다. 그러한 과정은 천천히 진행하면서 항상 강아지의 상태를 민감하게 체크하지 않으면 안 됩니다. 강아지가 입을 만지는 것에 익숙해지면 이빨 닦기의 습관을 가르칠 수 있습니다. 처음에는 매일, 외측의 이빨을 아주 약간 닦아 줍니다. 그렇게 며칠간 반복하고 나면 이빨의 안쪽을 닦는 것도 가능하게 될 것입니다.

🐕 강아지의 귀를 관리하는 방법

강아지가 귀 청소를 기꺼이 받아들일 수 있을 정도로 자신감을 갖게 하기 위해서는 상냥함과 끈기가 필요합니다. 강아지 주인은 처음에는 우선 강아지의 귀 뒤쪽을 놀이하듯이 쓰다듬어 줍니다. 다음에는 1초만 귀를 부드럽게 잡아 줍니다. 강아지가 싫어하지 않으면 칭찬하고 간식을 줍니다. 그리고 다음에는 2초씩, 3초씩 시간을 늘려 갑니다. 그렇게 하면 강아지는 주인이 귀를 만지면 좋은 일이 생긴다는 것을 금방 이해합니다.

그다음에 강아지의 귀를 뒤집어서 내부를 살펴봅니다. 살펴보는 동안에 얌전하게 잘 있는 강아지에게는 계속 칭찬을 해주고, 때때로 포상으로 간식도 줍니다. 이 단계까지 오면 적신 면 거즈로 귀의 내부를 닦아줄 수도 있을 것입니다. 귀는 부드럽게 닦아야 합니다. 너무 세게 문지르면 귓밥이 불필요하게 많이 튀어나올 수도 있습니다. 면봉은 될 수 있는 대로 사용하지 않는 것이 좋습니다. 귀의 내부는 민감해서 만약에 강아지가 머리를 흔들게 되면 면봉으로 피막을 찢어버릴 수도 있기 때문입니다.

처진 귀를 가진 장모의 견종들에게 이 교육은 대단히 중요합니다. 그런 강아지들의 귀 내부는 항상 따뜻해서 박테리아 유충의 은신처가 되기 쉬우며 귀 감염증에 걸릴 확률도 높습니다. 강아지가 건강할 때 주인이 강아지의 귀를 간단하게 체크할 수 없다면 감염되어서 통증이 있을 때는 강아지 주인이나 수의사도 그 강아지의 귀를 만질 수 없을 것입니다. 그렇게 되면 귀를 진찰하는 것이 수의사나 강아지에게 큰 스트레스가 될 것입니다.

🐕 강아지의 발톱을 깎는 방법

발톱을 깎으려고 하면 발버둥 치는 강아지를 가족 전원이 함께 짓누르고 발톱을 한꺼번에 다 자르려고 무리를 해서는 안 됩니다. 강아지가 발톱 깎기에 익숙해지도록 하기 위해서는 사전의 예행연습이 필요합니다.

우선 단 1초만 발을 붙잡았다가 곧바로 풀어 주는 방법으로 어깨부터 시작하여 발끝까지 서서히 핸들링해가는 방법이 좋습니다. 발을 잡고 있는 시간을 서서히 늘려가면서 발가락 사이를 충분히 체크할 수 있도록 합니다. 강아지에게 '악수' 또는 '손!'이라는 지시를 가르치면 이 과정을 게임화할 수도 있기 때문에 진행하기가 쉬워집니다. 그리고 나서 강아지에게 발톱 깎기를 소개합니다. 발톱 깎기와 만날 때면 맛있는 간식을 먹게 된다는 것을 가르쳐 주면 됩니다. 다음 날에는 발톱 깎기를 각각의 발톱에 대면서 또 포상으로 간식을 줍니다. 그렇게 하면 발톱을 한두 개씩 부분적으로 자를 수 있습니다. 점차적으로 모든 발톱을 자를 수 있게 되면 더 크게 칭찬하면서 간식을 줍니다.

울타리 적응 교육이 효과적입니다

🐾 🐾

요즈음에 강아지를 입양하는 사람들은 처음 입양한 귀여운 강아지에게 울타리 적응 교육을 해야 할지, 아니면 그냥 자유스럽게 지내도록 풀어놓아야 할지 고민하는 선택의 딜레마에 빠지게 됩니다.

물론, 누구나 예쁘고 사랑스러운 강아지를 보면 마음껏 뛰어놀게 해주고, 매일 저녁마다 데리고 자고 싶은 생각을 할 수도 있습니다. 그렇지만 여러분이 진정으로 강아지를 아끼고 사랑한다면 그런 충동을 억누르고 입양한 첫날부터 울타리 적응 교육을 통해서 실패하지 않는 배변 교육을 하고, 홈 얼론 교육으로 미리 분리 불안증을 예방해 주어야 합니다.

🐕 울타리 적응 교육이란?

울타리 적응 교육은 강아지를 입양해서 데려온 날부터 새로운 가정에서 잘 적응할 수 있도록 일정한 크기의 울타리 안에 배변 패드나 배변판 같은 화장실, 강아지 집, 물그릇, 먹이를 채운 물기 장난감 등을 넣어 놓고 배변 교육을 하거나 강아지가 혼자서도 잘 지낼 수 있도록 홈 얼론 교육을 하는 교육 과정입니다.

입양한 강아지를 데려오자마자 울타리 적응 교육을 가르치는 데는 여러 가지 이유나 장점이 많이 있지만 그중에서도 가장 중요한 목적은 다음과 같습니다.

첫째, 강아지에게 처음부터 실패하지 않는 배변 교육을 하려는 것입니다.

둘째, 홈 얼론 교육을 해서 가족이 집에 없을 때도 불안해하지 않고 강아지가 혼자서 잘 지낼 수 있도록 자립심을 키워주고 분리 불안증을 예방하려는 것입니다.

셋째, 주인이 출근, 여행, 가사 등으로 집을 비우는 경우나 잠을 자는 동안에 강아지가 격리된 공간에서 말썽을 일으키거나 나쁜 습관을 만들지 않고 잘 지낼 수 있도록 미리 적응 능력을 키워 주려는 것입니다.

물론, 얼마 후에 강아지가 배변 활동을 잘하고, 혼자 있더라도 말썽을 부리지 않게 되면 당연히 울타리의 문을 개방해서 강아지가 자유스럽게 드나들게 해주거나 아예 울타리를 치워 놓았다가 장시간 외출하거나 여행을 갈 때 등 꼭 필요한 경우에만 꺼내서 사용하면 됩니다.

🐕 울타리 적응 교육 언제부터 시작해야 하나요?

강아지 울타리 적응 교육과 배변 교육은 강아지를 집으로 데리고 온 그 날부터 바로 시작해야 합니다. 왜냐하면, 입양한 강아지에게 처음부터 사람들이 과도한 애정을 표현하거나 자유스럽게 지내도록 허용하게 되면 배변 문제나 분리 불안증 같은 문제가 생길 수도 있습니다. 그뿐만 아니라 앞으로 '울타리 적응 교육'을 하려고 해도 이미 가족과의 애착 관계가 형성되고 자유스러움이 몸에 익숙해졌기 때문에 훨씬 적응이 어려워서 교육에 오랜 시간이 걸리거나 불가능할 수도 있습니다. 그렇기 때문에 '울타리 적응 교육'은 강아지를 데려오기 전에 미리 준비해 놓았다가 강아지를 집에 데려오자마자 곧바로 시작하는 것이 좋습니다.

강아지에게 울타리 적응 교육과 배변 교육을 하는 것은 강아지 예절 교육 과정에서 최우선 사항입니다. 강아지가 집에 온 첫날부터 울타리 안에 넣어 놓고 실패하지 않는 '패드 배변 교육 방법'으로 배변을 가르치고, 강아지에게 혼자서도 잘 지낼 수 있도록 '홈 얼론 교육'을 함으로써 앞으로 생길 수 있는 '분리 불안증' 같은 여러 가지 문제 행동을 미리 예방할 수 있습니다.

강아지가 가정에서 생활하는 데 필요한 기본적인 매너를 가르치는 예절 교육은 매우 중요합니다. 처음에 강아지를 데려와서 올바르게 가르치지 않으면 대부분의 강아지는 집안 여기저기에 배변하고, 가구나 물건을 물어뜯거나 쓸 데없이 짖게 되는 것은 시간문제입니다. 그렇게 되면 강아지는 집에 데려온 지 얼마 안 돼서 이미 성가신 존재가 되어버립니다.

🐾 울타리 크기는 어느 정도가 적당한가요?

울타리 적응 교육을 할 때 사용하는 적당한 울타리의 크기가 딱 정해져 있는 것은 아니지만, 다음의 두 가지 점에 유의해서 가정의 상황이나 강아지의 크기에 따라서 적당한 크기의 울타리를 선택하는 것이 좋습니다.

일반 가정에서 키우는 소형견을 기준으로 볼 때,

첫째, 울타리의 규격은 가로세로 약 1.5 미터 정도가 좋습니다. 울타리의 크기가 지나치게 협소하거나 너무 넓으면 여러분이 원하는 여러 가지 교육의 효과를 기대하기가 어렵고, 강아지가 심한 스트레스를 받을 수 있습니다.

둘째, 울타리 적응 교육에 사용하는 울타리는 강아지가 매달리거나 밀더라도 움직이지 않을 정도로 견고해야 하고, 키우려는 강아지가 성견이 되더라도 아예 넘어올 생각을 하지 못할 정도로 높아야 합니다. 만약에 넣어놓은 강아지가 울타리에 매달리거나 밀었을 때 흔들거리거나, 어쩌다가 한 번이라도 울타리를 넘게 되면, 그때부터 울타리 안에서 적응하려고 생각하기보다는 끊임없이 탈출하려는 시도를 하기 때문에 교육의 효과가 없어집니다.

🐕 울타리 안에는 무엇을 준비해 놓아야 할까요?

강아지에게 울타리 적응 교육을 하려면 강아지를 데려오기 전에 미리 적당한 크기의 울타리를 마련해 놓고 효과적인 교육 진행을 위해서 그 안에다 다음 몇 가지 용품을 준비해 놓아야 합니다.

① 강아지 집: 적당한 크기의 크레이트 또는 이동 장

어떤 사람들은 강아지를 만지기에도 좋고 이동 장보다 푹신한 방석을 넣어주는 것이 강아지가 더 좋아할 것으로 생각하는데, 그것은 잘못된 생각입니다. 강아지 집은 강아지가 두려울 때 숨을 수 있는 공간도 되고 안전하게 쉴 수 있는 공간도 되기 때문에 이동 장이나 동굴 형태로 생긴 집을 넣어주는 것이 좋습니다. 그렇게 해주면 강아지가 덜 낑낑거리게 되고 울타리에 빨리 적응하게 되며, 덤으로 자연스럽게 크레이트 적응 훈련도 됩니다.

② 물기 장난감: 대부분의 사람들은 울타리 안에 장난감을 넣어주라고 하면 오리 인형이나 테니스공 같은 놀이 장난감을 넣어주는 경우가 많은데 그런 것은 울타리 적응 교육에 별로 도움이 되지 않습니다. 강아지가 지루한 시간을 두려움 속에서 지내지 않도록 '비지버디 트위스트'나 '콩'같이 안에다 사료나 먹이를 넣어 주면 오랫동안 굴리면서 빼먹을 수 있는 물기 장난감이 좋습

니다.

③ 배변 패드: 울타리 안에는 강아지 화장실용 배변 패드를 넣어 놓아야 합니다. '패드 배변 교육'(제4장 배변 교육 참조) 방법으로 진행하는 경우에는 처음부터 바닥 전체에 배변 패드를 깔아 놓고 시작하는 것이 좋습니다.

④ 물그릇: 바닥에 놓는 물그릇이나 빨아먹는 벽걸이용 급수기도 괜찮습니다. 요즈음에 어떤 사람들이 벽걸이용 급수기를 사용하면 강아지 성격이 나빠진다고 얘기를 하는데 그것은 잘못된 정보입니다.

🐶 강아지 울타리 적응 교육은 어떻게 진행하나요?

어린 강아지를 데려오자마자 울타리 적응 교육을 한다고 혼자 격리시켜 놓으면 강아지가 낑낑대는 것은 당연한 행동입니다. 물론, 좀 안쓰럽기는 하겠지만, 낑낑거린다고 해서 가끔 꺼내서 놀아주거나 낮에는 울타리 안에 넣어 놓았다가 저녁에 퇴근하면 내놓거나 혹시라도 미안해서 밤에 데리고 자면 절대로 안 됩니다. 그렇게 하면 강아지는 자기가 낑낑거리거나 주인이 돌아오면 밖으로 나갈 수 있다는 것을 학습하게 되기 때문에 울타리 적응 훈련의 효과가 없을 뿐만 아니라 오히려 울타리를 싫어하게 되는 트라우마가 생길 수 있습니다.

강아지가 울타리 안에서 적응 교육을 하고 있는 동안에 울타리 안에 깔아 놓은 배변 패드에다 배변을 잘하는 것을 보면 칭찬해주고 포상의 의미로 간식을 조금씩 주어도 됩니다. 그리고 강아지가 울타리 안에서 꺼내달라고 보채지 않고 조용히 앉아있을 때는 칭찬해주고 주인이 울타리 안으로 들어가서 '앉아! 엎드려! 기다려!' 같은 간단한 복종 훈련을 가르치거나 같이 놀아주는 것도 좋은 방법입니다.

혹시 강아지를 밖에 꺼내 놓아야 할 경우에는 꺼내 놓기 전에 미리 밖에도 울타리 안에서 사용하는 것과 같은 배변 패드를 한두 군데 미리 준비해놓고 강아지에게 그 장소를 여러 번에 걸쳐서 확실하게 가르쳐 주어야 합니다. 강아지가 주인의 지시대로 밖에 있는 배변 패드를 잘 찾아갈 때마다 칭찬하면서 맛있는 간식을 주면 강아지가 밖에 있는 배변 장소를 더 잘 기억하게 됩니다.

물론, 누구도 강아지를 오랫동안 울타리 안에 격리해 두는 것을 좋아하지는 않을 것입니다. 그렇지만 현대의 생활에서 대부분의 강아지 주인이나 가족들이 항상 강아지와 함께 있을 수는 없기 때문에 그 현실에 맞추어서 미리 강아지를 적응시켜 주어야 할 필요가 있는 것입니다.

실패하지 않는 울타리 교육

· 교육에 사용하는 울타리는 견고하고 높아야 하며 크기가 적당해야 합니다. 가벼운 조립식 플라스틱 제품이나 움직이는 가벼운 철망 울타리를 사용하면 안 됩니다.
· 울타리 안에 넣어주는 강아지 집은 플라스틱 이동 장이 좋습니다.
· 마약 방석이나 천으로 만든 텐트, 가방류는 좋지 않습니다.
· 울타리 안에 넣어주는 물기 장난감은 비지버디나 비스켓 볼, 콩사 제품이 좋습니다.
· 배변 교육은 울타리 안 전체에 패드를 깔아놓았다가 강아지가 배변하는 장소가 정해지면 먼 곳으로부터 한 장씩 치워가는 '패드 배변 방법'이 효과적입니다.
· 강아지를 입양해서 첫날부터 울타리 적응 교육을 하는 것이 좋습니다.
· 울타리는 빈방이나 거실 한쪽에 조용한 위치에 놓는 것이 좋습니다.

🐕 울타리 적응 교육은 언제 끝낼까요?

강아지에게 울타리 적응 교육을 할 때 무조건 며칠이나 몇 주 동안을 그냥 가두어 놓으라고만 하는 것은 아주 잘못된 정보입니다.

저의 경험에 의하면 강아지마다 조금씩 차이는 있겠지만, 여러 가지 교육 준비를 잘하고 올바르게 진행하면 잘 적응하는 강아지들은 3~4일 만에 원하는 교육 효과를 달성해서 울타리 교육 과정을 마치는 경우도 있고, 약 1~2주일 걸리는 강아지도 있습니다.

강아지가 울타리 안에서 적응 교육을 하고 있는 동안에 울타리 안에 깔아놓은 배변 패드에다 배변을 잘하게 되고, 사람이 옆으로 지나다니거나 밤에 잘때에도 꺼내달라고 보채거나 낑낑거리지 않으면서 넣어준 물기 장난감을 갖고 잘 지내면 울타리 적응 교육을 서서히 끝내도 됩니다.

🐕 혹시 울타리 적응 교육이 부적절한 강아지도 있나요?

세 가지 경우가 있습니다.

첫 번째는 생후 45일 이전에 너무 일찍 강아지를 입양한 경우입니다. 그런 강아지의 경우에는 울타리 안에 넣어 놓더라도 항상 세심하게 상태를 관찰하면서 울타리 적응 교육을 아주 조심스럽게 진행해야 하고, 가끔 울타리 안에 들어가서 강아지와 교감하는 시간을 갖는 것이 좋습니다.

두 번째는 강아지가 지나치게 스트레스를 많이 받거나 일정한 공간에 격리하면 안 되는 심혈관계 질환, 간질 등 선천적 질병을 갖고 있거나 강아지가 울타리 적응 교육을 하면 건강상에 심각한 위해가 생길 수 있다는 수의사의 판단이 있는 경우입니다.

세 번째는 강아지가 울타리 적응 교육 과정 중에 며칠 동안 물이나 음식을 먹지 않거나 과도한 스트레스로 인해서 건강상 심각한 위험 징후를 나타내는 경우에는 일단 울타리 적응 교육을 중단해야 합니다.

🐕 울타리 교육을 했는데도 배변 교육에 실패하면 어떻게 하나요?

강아지가 울타리 안에 있는 동안에 배변 패드나 배변판에 배변을 잘하게 되더라도 강아지를 밖으로 꺼내 놓을 때는 꼭 주의해야 할 일이 있습니다.

어떤 사람들은 강아지가 지금까지 울타리 안에서 배변을 잘했으니까 밖에다 꺼내어 놓더라도 배변이 마려우면 울타리 안으로 들어가서 배설할 것으로 생각합니다. 혹은 울타리 안에서 패드에 잘했으니까 밖에다 배변 패드나 배변판을 여기저기에 놓아두기만 하면 강아지가 찾아가서 잘 싸겠지 하고 생각합니다. 그러나 그것은 큰 오산입니다.

강아지가 오랫동안 울타리 안에서 지내다가 모처럼 밖에 나왔는데, 변이 마렵다고 다시 울타리 안으로 찾아 들어가서 배변할 확률은 거의 없습니다. 또 강아지를 꺼내 놓으면 흥분해서 놀다가 변이 마려우면 울타리 안에 들어가거나 패드를 찾아가서 배변하지 않고 그냥 아무 데서나 싸버리는 경향이 있습니다. 그렇게 되면 지금까지 애써 울타리 안에서 가르친 배변 교육도 실패하는 것입니다.

울타리 적응 훈련을 끝내고 강아지를 밖에 꺼내놓을 때는 강아지가 울타리 안에서 사용하던 배변판 또는 배변 패드와 동일한 물건을 한두 개 정도를 집안의 적절한 위치에 준비해 놓고, 먼저 강아지에게 '화장실' 하고 데리고 가서 밖에 놓아둔 배변 패드의 위치를 기억하도록 반복해서 가르쳐 주어야 합니다. 그때 배변 패드에 미리 맛있는 간식을 놓아두면 더욱 효과적입니다.

만약에 지금까지 제가 가르쳐드린 매뉴얼대로 울타리 적응 교육과 배변 교육을 열심히 했는데도 문제가 발생하는 경우에는 다시 울타리 적응 교육과 강아지를 꺼내놓는 과정을 반복해서 재교육을 진행하셔야 합니다.

오랫동안 강아지를 키우고 있는 많은 사람과 상담해보면, 강아지를 판매하는 애견 숍이나 인터넷에서는 강아지에게 울타리 적응 교육을 하는 것이 좋다고 이야기하지만, 정작 어떤 울타리를 준비하고 어떻게 교육을 진행하며 언제 마쳐야 하는지 등 중요한 교육 과정에 대해서는 자세하게 가르쳐주지 않기 때문에 많은 사람이 실패하는 경우가 생기는 것 같습니다.

목줄 적응 교육이 필요합니다

건강한 강아지는 항상 목줄을 사용하는 것이 좋으며 주인과 함께 이동 중일 때는 리드줄을 짧게 잡고 걷는 것을 권합니다.

애견인 중에는 강아지가 산책하는 동안에 냄새도 맡고 호기심을 채울 자유가 필요하다고 생각해서 몇 미터짜리 리드줄을 사용하거나 늘였다 줄였다 하는 플렉시 줄을 사용하기도 합니다. 또 어떤 사람은 강아지가 리더처럼 앞장서서 끌어당기거나 마음대로 가도록 놔두고 자신은 부하처럼 뒤따라가기도 하는데, 그런 방법은 바람직하지 않습니다.

사실, 엄격하게 따진다면 우리나라 동물보호법 규정에 강아지를 데리고 외출할 때는 길이가 1.8m 이내의 리드줄만 사용하게 되어 있기 때문에 긴 리드줄이나 늘어나는 플렉시 줄 같은 신축성 있는 줄을 길

게 사용하는 것은 '동물보호법' 위반입니다. 그리고 그런 리드줄을 사용하면 산책 중에 만나는 다른 사람들을 불안하게 할 뿐만 아니라 순간적으로 일어나는 강아지의 움직임을 통제하기가 어려워서 여러 가지 사고를 일으킬 수도 있습니다.

강아지를 데리고 산책을 하러 나가더라도 자유스럽게 놀 수 있는 장소까지 이동하는 동안에는 항상 주인의 옆이나 뒤에서 따라오도록 해야 합니다. 강아지가 사람보다 앞장서서 끌어당긴다면 그건 강아지가 사람을 걷도록 하는 것이며 강아지가 무리를 이끌고 있는 것입니다. 물론 강아지들은 덤불, 나무, 풀밭 따위를 보면 냄새를 맡고 싶어 합니다. 하지만 강아지와 함께 산책하는 경우에도 야생에서 개들이 리더를 따라 무리를 지어서 이동하는 과정처럼 강아지가 맘대로 무리에서 이탈하면 안 된다는 것을 가르치고 주인의 리더십을 확립하는 좋은 기회로 활용해야 합니다.

그러다가 강아지가 안전하게 활동할 수 있는 넓은 공간에 도착하면 줄을 길게 해주거나 풀어 주어서 마음껏 뛰어놀거나 탐색하도록 자유를 줍니다. 다시 말해서 산책하러 나가더라도 강아지의 모든 활동은 리더인 여러분이 허락할 때만 자유롭게 행동할 수 있다는 것을 가르쳐 주어야 합니다.

어린 강아지에게 '목줄과 리드줄'을 적응시키는 교육은 아주 쉽고 간단합니다.

강아지를 입양하는 첫날부터 목줄과 30cm 정도 되는 짧은 리드줄을 매주고 스스로 끌고 다니면서 일상생활에 적응하도록 놓아두면 강아지는 별로 스트레스를 받지 않으면서도 자연스럽게 목줄과 리드줄 착용에 조금씩 적응하게 됩니다. 그렇게 한 달 정도 지나서 강아지와 함께 외출할 시기가 다가오면 리드줄을 조금 긴 것으로 바꾼 다음 집안에 있는 소파나 식탁 다리 기둥 등에 고정해서 하루에 약 한 시간 정도씩 3~5일간 적응 교육을 합니다.

그렇게 고정해놓으면 처음에는 강아지가 몸부림을 치거나 조금 낑낑거리기도 하지만 조금만 지나면 금방 안정을 되찾아서 가만히 앉아있게 됩니다. 강아지에게 '목줄 적응 교육'을 하는 동안에는 항상 주시하고 있다가 강아지가 몸부림을 치거나 낑낑거릴 때는 완전히 무시해 버리고, 가만히 앉아서 조용히 기다리고 있을 때는 칭찬해주거나 보상으로 간식을 줘도 좋습니다. 그렇게 강아지가 며칠 동안 '목줄 적응 교육'을 하고 나면 목줄을 매거나 당기는 것에 대해서 거부감이 없어져서 산책할 때도 잘 따라 걷게 됩니다. 그리고 주인이 잠깐 쇼핑이나 볼일을 보려고 안전한 장소에 매놓으면 조용히 앉아서 기다릴 수 있게 되기 때문에 강아지는 항상 주인과 함께 외출할 수 있는 즐거운 생활을 할 수 있습니다. 여러분도 이 방법이 훨씬 좋을 것 같지 않나요?

🐕 강아지는 목줄을 매는 것이 좋습니다

외출할 때 강아지 몸에 착용하는 줄은 대체로 '하네스'라고 하는 가슴줄 종류와 '칼라'라고 하는 목에만 매는 목줄로 구분되는데, 목 디스크가 있는 강아지나 몸을 잘 못 가누는 노견 등 특별한 경우를 제외하고는 가슴줄을 착용하는 것보다 목줄을 사용하는 것이 훨씬 좋습니다.

그런데 요즈음 동물병원이나 애견용품을 판매하는 가게에 가면 목줄(칼라)보다 가슴줄(하네스)이 더 많이 진열되어 있는 것을 볼 수 있습니다. 심지어 어떤 곳에는 가슴줄만 있고 목줄이 아예 없는 곳도 많습니다. 그뿐만 아니라 혹시 여러분이 강아지에게 목줄을 매고 공원에 가면 강아지를 데리고 산책 나온 사람 중에는 "원 세상에 왜 좋은 가슴줄을 두고 강아지가 힘들게 목줄을 매서 끌고 다닌담. 무식한 사람!" 하고 수군거리는 사람들도 있습니다.

특히, 인기에 영합하는 일부 애견 관련 전문가 중에는 강아지의 상태나 기질과 관계없이 강아지는 목이 약하기 때문에 목줄을 매면 강아지가 힘들고 괴로워하니까 가슴줄을 매는 것이 좋다는 근거 없는 얘기를 하는 사람들도 있습니다. 그래서인지 근래에는 가슴줄이 강아지를 편안하게 해줄 것이라고 믿거나 타인의 눈을 의식하여 강아지에게 가슴줄을 사용하는 사람들도 많이 있습니다.

🐕 과연 가슴줄이 좋을까요?

원래 애견 선진국에서 주로 만들어 사용하던 가슴줄은 썰매를 끄는 개나 운반차를 끌던 사역견이 주로 사용했고, 나이가 많은 노견, 목 디스크나 건강상에 문제가 있는 강아지들만 한정적으로 사용하던 보조 기구였습니다. 왜냐하면 썰매를 끄는 개뿐만 아니라 농경을 하는 소나 말 할 것 없이 모든 동물은 일단 가슴줄을 채우게 되면 앞장서서 끌려고 하는 동물적 본능을 나타내기 때문입니다.

동물 세계에서는 앞장을 서서 무리를 이끄는 개체가 스스로 우두머리라고 생각하고 인정을 받습니다. 그래서 여러분이 겁이 많고 사회성이 부족한 강아지에게 가슴줄을 매고 산책을 하게 되면 강아지가 앞장을 서서 여러분을 이끌게 돼서 강아지들에게 치명적인 알파 증후군이 생기게 하는 원인이 되는 것입니다.

물론, 강아지에게 목줄을 매면 처음 며칠 동안은 가슴줄을 매는 것보다는 조금 불편해합니다. 그뿐만 아니라 주인의 지시에 따르지 않고 제 마음대로 가려고 하면 목줄이 조여서 목을 아프게 할 수도 있습니다. 하지만 목줄을 착용하고 2~3일 정도 지나면 강아지가 목줄에 적응하게 될 뿐만 아니라 자기 마음대로 가려고 고집을 부려도 목만 아프지 갈 수 없다는 것을 깨닫게 됩니다. 반대로 주인이 리드하는 대로 잘 따르면 목도 안 아프고 칭찬이나 간식을 포상으로 얻어먹을 수 있다는 것을 학습하게 되면 앞장서서 당기지도 않고 주인의 지시를 잘 따르게 됩니다.

반대로 가슴줄을 매면 강아지가 마음대로 앞장서서 끌어당겨도 목이 별로 안 아프고, 끌어당기는 기분을 즐길 수 있기 때문에 점점 더 말을 안 듣게 되며, 여러 가지 복합적인 문제 행동을 만듭니다.

원래 목줄과 리드줄을 사용하는 목적은 강아지와 주인이 교감하는 연결선이면서 강아지가 돌발적으로 위험한 상황에 처할 경우에 효과적으로 강아지를 안전하게 보호해줄 수 있는 생명선 역할을 하기 위해서입니다.

목줄을 맨 강아지와 야외 활동을 하는 중에 주인이 강아지에게 어느 쪽 방향으로 가라고 하든지 어떤 행동을 하지 말라든지 정지하라든지 신호등 앞에서는 앉아서 기다리라든지 하는 지시를 하고 싶으면 주인은 단지 리드줄을 살짝 튕기듯이 당기기만 하면 즉시 반응해서 지시를 잘 따르게 됩니다.

그렇다면 가슴줄을 맨 강아지도 그렇게 말을 잘 들을까요? 천만에요! 오히려 가슴줄을 맨 강아지는 주인이 그렇게 하면 더 힘차게 앞으로 끌어당길 것입니다. 그리고 여성이나 힘이 약한 사람이 체격이 큰 리트리버 같은 큰 개에게 가슴줄을 매고 산책이나 외출을 하는 것은 정말 위험한 일입니다.

혹시 무심코 도로변에서 산책하던 중에 별안간 옆으로 지나가던 차가 경적을 울리든가 공이나 비닐봉지가 도로로 굴러 들어가면 강아지는 순간적으로 놀라서 도망을 치려고 하거나 그 물체를 따라갈 수 있습니다. 그러면 어떻게 될까요? 그럴 경우 결국 그 개는 교통사고로 다치거나 죽게 되고, 주인도 넘어져서 중상을 면치 못하게 될 것입니다. 실제로 미국에서는 그런 사고가 해마다 500건 이상 발생하고 있습니다.

물론, 모든 강아지에게 가슴줄을 매서는 안 된다는 말은 아닙니다. 예를 들면, 나이가 많은 노견이나 목 디스크가 있는 강아지, 아주 교육이 잘 돼서 가슴줄을 매더라도 나쁜 행동의 영향을 받지 않는 강아지는 필요에 따라서 가슴줄을 매도 괜찮습니다. 그렇지만 사회화 교육이 확실하게 안 된 강아지나 복종 예절 교육이 부족한 강아지, 고집이 센 강아지, 체중이 10kg 이상 되는 중형 강아지에게 가슴줄을 매는 것은 강아지나 주인을 위험하게 만들 뿐만 아니라 강아지에게 나쁜 문제 행동을 키우게 되는 원인이 됩니다.

이름을 가르치는 것은 간단합니다

일전에, 강아지 교육에 대한 상담을 하던 중 어떤 사람이 "우리 강아지는 조금 부족한 것 같아요. 입양하면서부터 강아지를 안고 눈을 바라보며 '너의 이름이 조이야' 하고 수없이 가르쳐 줘도 데려온 지 두 달이 되도록 아직 자기 이름을 몰라요." 하는 말을 들은 적이 있습니다. 여러분은 어떻게 생각하세요? 그것이 강아지가 부족해서일까요? 아니면 강아지 주인이 문제일까요?

세상에 어떤 방법으로 가르친다고 하더라도 자기 이름을 알아듣는 강아지는 없습니다. 물론 어린아이들도 마찬가지입니다.

어린아이나 강아지가 이름을 부르면 알아듣는 것처럼 행동하는 것은 단지 어떤 억양의 소리에 반응하는 것뿐입니다.

예를 들면, "바둑아"라든지 "철수야"라는 소리가 나면, 그다음에 바로 즐거운 일이나 맛있는 것이 생긴다는 것을 학습했기 때문에 일정한 단어, 즉 '이름'에 반응해서 돌아보거나 웃거나 다가오는 것입니다. 그런 행동을 보고 사람들은 강아지나 어린이가 자신의 이름을 알아듣는다고 생각하는 것뿐입니다.

그렇다면 여러분이 이름을 부르면 강아지가 즉시 알아듣고 반응하게 하려면 어떻게 해야 할까요?

그렇습니다. 강아지 이름을 불렀을 때 돌아보거나 반응을 하면 즉시 맛있는 간식을 주거나 강아지가 좋아하는 놀이나 애정 어린 스킨십을 해주면 됩니다. 그렇게 여러 번 반복하다 보면 강아지는 점점 더 빠르고 정확하게 자신의 이름을 알아듣고 반응해서 돌아보거나 다가오게 되는 것입니다. 혹시 강아지를 두 마리 이상 키우는 경우에는 우선 따로 분리해서 같은 방법으로 각각 다른 자신의 이름을 기억하도록 가르쳐야겠지요.

오랜 경험에 의하면 강아지 이름은 짧고 분명한 단어이면서 한 글자나 두 글자로 된 이름을 더 잘 알아듣는 경향이 있습니다.

two

강아지를 입양한 후에

입양 후 3개월 동안 꼭 가르쳐야 할 긴급하고 중요한 교육

축하합니다! 이제 드디어 강아지를 기르게 되셨군요. 그럼 이제부터 무엇을 해야 할까요? 여러분이 입양한 강아지는 지금부터가 가장 중요한 시기입니다.

앞장에서는 여러분이 강아지를 입양하기 전에 꼭 준비해야 하는 과정에 대해서 설명하였습니다.

첫째, 여러분의 환경이나 조건에 적합한 강아지를 선택하는 방법

둘째, 강아지의 발달 상태를 판단하고 입양해서 집으로 데려오는 과정

셋째, 강아지를 데려오기 전에 견주가 강아지에 대해서 미리 공부해야 할 기본 교육에 관한 내용 등입니다.

그런 최초의 학습 내용은 '강아지를 입양하기 전에' 절대적으로 중요한 긴급 과제이기 때문에 여러분이 게으름을 피우거나 미루면 절대로 안 됩니다. 강아지의 기본 교육은 매우 중요하기 때문에 나쁜 버릇이나 습관이 만들어지

기 전에 미리 서둘러서 가르쳐야 합니다. 시간이 별로 없습니다.

강아지의 성장 과정 중에서 유견기가 가장 중요한 시기입니다. 어린 강아지는 여러 가지 상황에서 맞이하는 첫인상을 잊지 않고 계속 기억합니다. 그러므로 강아지의 성장 발달에 있어서는 앞으로 몇 주 동안이 정말 중요합니다.

이제부터 강아지를 입양한 후에 3개월 동안 최우선적으로 가르쳐야 할 몇 가지 긴급하고 중요한 교육에 대해서 설명하겠습니다.

여러분이 강아지를 입양한 후 3개월 동안 어떻게 가르치는가에 따라서 여러분의 강아지가 훌륭하게 성장해서 평생을 함께하는 소중한 파트너로 지내게 될 것인지, 아니면 낯선 사람들이나 주변의 강아지들과 어울리지 못하고 예측하기 어려운 여러 가지 문제 행동을 일으키는 불행한 강아지로 성장하게 될 것인지가 결정됩니다.

여러분의 생활과 강아지의 운명은 앞으로 3개월 동안 어떻게 가르치고 어떤 관계를 유지하는지에 달려 있습니다.

1. 배변 교육은 집으로 데리고 온 그 날부터 시작해야 합니다

강아지에게 배변 교육을 하는 것은 강아지 예절 교육 과정에서 최우선 사항입니다. 강아지가 집에 온 첫날부터 '실패하지 않는 배변 교육 프로그램'을 진행하고 가정에서 필요한 예절 교육을 가르침으로써 앞으로 일어날 수 있는 여러 가지 문제 행동을 미리 예방할 수 있습니다.

강아지에게 가정에서 생활하는 데 필요한 매너를 가르치는 것은 매우 중요합니다. 처음부터 견주가 강아지를 방치해서 강아지가 집 안을 배설물 범벅으로 만들고 가구나 물건을 물어뜯거나 쓸데없이 짖는 것을 그대로 놔두면 강아지는 집에 데려온 지 얼마 안 돼서 이미 귀찮은 존재가 되어버립니다.

배변 교육은 강아지 교육 과정 가운데에서 무엇보다 가장 서둘러서 가르쳐야 하는 사항입니다. 미래에 강아지의 행동 문제로 고민하고 싶지 않으시다면 강아지가 집에 온 그 날부터 바로 배변 교육을 시작하세요.

강아지가 집에 온 첫날부터 울타리 적응 교육 프로그램을 실행하세요. 울타리 적응 교육 프로그램은 처음 입양된 강아지에게 배변 교육을 하는 데 아주 효과적이며, 강아지가 혼자서도 잘 지낼 수 있도록 가르쳐서 분리 불안증을 예방하고, 거주 장소를 제한하는 교육 프로그램을 익히는 데 좋은 방법입니다.

2. 홈 얼론 교육은 입양 후 4주 안에 해야 합니다

현대 사회에서는 사람들이 항상 강아지와 함께 지낼 수 없기 때문에 강아지에게 혼자서도 잘 지내며 즐기는 방법을 가르쳐야 할 필요가 있습니다. 그것은 주인이 항상 강아지를 지켜보고 있지 않더라도 정해진 가정의 규칙을 확실하게 지킬 수 있도록 하기 위한 의미도 있습니다만, 더욱 중요한 것은 여러분이 없는 동안에도 강아지가 두려움이나 불안에 떨지 않도록 해주기 위함입니다.

통상적으로 이 두 가지는 세트로 볼 수 있습니다. 왜냐하면, 강아지가 혼자 남겨져서 불안해지면 평소보다 많이 짖고 하울링을 하게 되거나 물건을 물어뜯고, 집안 여기저기에 배설하려는 경향이 있기 때문입니다. 따라서 가능하면 강아지가 여러분의 집으로 온 지 며칠 또는 몇 주 안에 혼자서도 얌전하게 안심하며 잘 지낼 수 있도록 교육해야 할 필요가 있습니다. 그렇게 하지 않으면 앞으로 강아지가 혼자 집에 남겨졌을 때 분명히 극도의 스트레스에 시달리게 되어 여러 가지 문제 행동을 일으키게 될 것입니다.

강아지가 혼자 남게 되더라도 즐겁게 지낼 수 있도록 강아지를 교육하는 것은 강아지 교육 과정에서 두 번째로 긴급하게 진행해야 할 사항입니다.

사람들은 처음에 강아지를 집에 데려온 지 며칠 동안은 과도한 관심과 애정을 표현합니다. 그러다가 강아지에게 혼자 잘 지내는 습관을 가르쳐 주지도 않은 채 어른들은 일하러 회사에 가고, 아이들은 공부하러 학교에 갑니다. 그래서 별안간 강아지가 혼자 남아있게 되면 강아지는 두려움과 겁에 질려서 분리 불안증을 느끼게 되는 것입니다. 그렇게 되지 않도록 강아지가 처음 집에 온 며칠에서 몇 주 동안은 과도한 애정 표현을 하지 말고, 강아지가 혼자서도 전용 울타리 안에서 조용한 시간을 즐길 수 있도록 가르쳐 주세요. 그리고 울타리 적응 교육을 할 때는 반드시 먹이를 채운 물기 장난감 같은 놀이 도구를 제공해 주어야 하며, 여러분이 외출 중일 때는 강아지가 그것에 열중하며 즐겁게 지낼 수 있도록 미리 가르쳐 주어야 한다는 것을 잊지 말아 주세요.

강아지가 혼자서 지내는 것에 익숙해지게 가르치는 것은 외출하는 여러분 마음의 평온을 위해서나 여러분 강아지의 안정을 위해서도 매우 중요합니다. 왜냐하면, 그렇게 해야 강아지가 집안을 배설물로 더럽히거나 물어뜯거나 쓸데없이 짖거나 하는 문제 행동을 예방할 수 있기 때문입니다. 강아지가 보호자에게 지나치게 집착하거나 혼자 남는 것에 심한 스트레스를 느끼면 강아지는 불안정하게 되는 것입니다.

3. 낯선 사람과 사회화 교육은 생후 8~12주 안에 해야 합니다

요즈음 대부분의 강아지 교육 테크닉은 강아지가 사람과 함께 지내거나 활동하는 것을 즐길 수 있도록 교육하는 방법에 초점이 맞추어져 있습니다. 물론, 사회화가 잘 진행된 강아지는 자신감도 있고 우호적이며 다른 사람들을 두려워하거나 공격적이지도 않습니다. 하지만 사회성이 부족한 강아지는 불안해서 안절부절못할 뿐만 아니라 여러 가지 나쁜 습관이 나타날 수 있으며, 때로는 가족이나 주변 사람들을 위험한 상황에 처하게 할 수도 있습니다. 또한 강아지 자신도 사회성 부족으로 항상 두려움과 스트레스를 느끼면서 불안하게 생활하게 됩니다.

대부분의 사람은 애견 카페나 강아지 훈련 교실을 낯선 사람이나 다른 강아지들과 사회화하기 위한 장소라고 생각합니다만, 엄밀하게 말하면 꼭 그렇다고 하기는 어렵습니다. 물론, 강아지에게 애견 카페나 훈련 교실은 낯선 사람과의 사회화를 가르치는 데 효과적인 장소입니다. 그러나 생후 12주가 되어 애견 카페나 훈련 교실 참가가 가능할 무렵이 되기 전에 미리 가정에서 사람들과의 사회화 과정을 진행해야 할 필요가 있습니다. 다시 말해서 강아지가 낯선 사람들과의 사회화가 가능한 시기는 입양하면서부터 생후 3개월까지라서 입양하고 빨리 서두르지 않으면 안 됩니다.

강아지가 처음에 집에 와서 한 달 동안에 적어도 100명의 낯선 사람들과 만나야 하고, 생후 4개월까지 진행되는 '사회화 교육 시기' 안에 100마리 이상의 다른 강아지들을 적극적으로 접촉해야 할 필요가 있습니다. 강아지가 낯선 사람이나 다른 강아지와 접촉하는 것을 즐길 수 있도록 사회화하는 것은 강아지 생애의 사활이 걸린 문제입니다.

강아지 사회화에는 끝이 없습니다. 어려서 사회화 교육이 완성된 강아지라 해도 청년기로 성장하면서 매일 모르는 사람들과 만날 기회가 없으면 다시 사회성이 감소하는 '탈사회화 현상'이 시작됩니다. 사회성이 좋은 강아지라고 하더라도 자주 산책을 데리고 나가세요. 그렇게 할 수 없다면 여러분이 자택으로 친지나 이웃 사람들을 초대해서 강아지가 많은 사람을 만날 수 있게 해 주세요!

4. 다른 강아지들과의 사회화 교육은 생후 12~16주 안에 해야 합니다

어린 강아지가 생후 3개월이 되면 확실히 무는 힘의 억제를 몸에 익히면서 다른 강아지들과 우호적인 관계를 지속할 수 있도록 '다른 강아지들과의 사회화'를 가르쳐야 합니다. 여러분의 강아지는 '사회화 교육 시기' 동안에 다른 강아지들과의 사회화를 위하여 강아지 교실에 참가하거나 많은 강아지를 만날 수 있는 애견 카페나 애견 파크에 자주 다녀야 합니다.

사회화가 잘된 강아지는 다른 강아지를 만나면 물어뜯거나 싸움을 하려 하기보다 같이 놀면서 재미있게 지내려고 합니다. 만약 강아지들끼리 물거나 싸우거나 하더라도 사회화가 잘 되어 있는 강아지라면 보통 부드럽게 물어서 상처를 남기지 않을 것입니다.

여러분이 앞으로 자신의 강아지가 다른 강아지들과 함께 잘 지낼 수 있게 되기를 바란다면 어릴 때 강아지 교실에 보내거나 매일 산책하러 다니는 것은 필수 불가결한 사항입니다.

다른 강아지들에 대한 사회화 교육은 정말 중요한 사항입니다. 물론 강아지를 키우는 사람의 생활 양식이나 강아지를 기르는 목적에 따라서는 다른 강아지들에 대한 우호적인 사회성이 불필요한 경우도 있겠지만, 그러나 사회성이 좋은 강아지와 행복하게 살면서 즐겁게 산책하고 싶다면 강아지 교실에 다니거나 애견 파크에 데리고 가서 하루빨리 강아지를 사회화시킬 필요가 있습니다. 그럼에도 불구하고 요즈음 강아지를 데리고 산책을 나가지 않는 견주들이 놀랄 정도로 많이 있습니다. 소형견이나 도시에서 길러지는 강아지들은 그래도 산책을 많이 하고 있는 것 같습니다만, 대형견이나 교외에서 길러지고 있는 강아지들은 가끔 산책을 하고 있는 정도입니다.

유견기의 강아지들끼리는 '싸움 놀이'나 '물기 놀이'를 통해 무는 힘의 억제와 부드럽게 무는 습관이 발달하기 때문에 사회화가 절대적으로 필요합니다.

그래서 생후 3개월경의 강아지를 훈련 교실에 보내거나 시간이 있을 때마다 애견 카페에 데리고 가는 것은 최우선으로 중요한 사항입니다.

5. 물기 억제 교육은 생후 18주까지 마무리해야 합니다

어떤 강아지라고 하더라도 부드럽게 물 수 있도록 가르치는 것이 가장 중요합니다. 여러분의 강아지가 사람을 물거나 다른 강아지와 싸우려고 하지 않는다면 다행이겠지만, 비록 그런 일이 발생하더라도 무는 힘의 억제가 확실하게 가능하다면 물린 상대는 경상으로 끝나게 됩니다.

물론, 강아지 시절에 앞으로 발생할 예측할 수 없는 모든 상황을 대비한다는 것은 불가능한 일입니다. 그렇지만 강아지가 심한 싸움을 하거나 극도로 놀라거나 무섭거나 혹시라도 화가 나는 일이 생기면 강아지는 반사적으로 물 수 있는 동물입니다. 다만 그럴 때에 상대에게 얼마나 심각한 상처를 입히게 될지 어떨지는 강아지 시기에 얼마나 '무는 습관의 억제'를 몸에 잘 익혔는지가 좌우하게 됩니다.

깨무는 습관의 억제가 거의 되어 있지 않은 성견은 부드럽게 무는 경우가 거의 없습니다. 일단 물었다 하면 대부분 예외 없이 상대방에게 상해를 입히고 맙니다. 한편 완전하게 무는 행동의 억제가 되어 있는 성견들은 혹시 무는 경우가 있더라도 상대방의 피부에 상처를 입힐 만큼 물지는 않습니다. 왜냐하면, 상대방에게 손상을 입히는 것은 잘못된 행동이라는 것을 강아지 시기에 확실히 배워 두었기 때문입니다.

무는 힘을 억제하는 트레이닝은 먼저 강아지에게 점점 무는 힘을 억제하도록 가르치고, 아플 만큼 깨물면서 놀던 강아지를 부드럽게 무는 행동이 가능하도록 진행해 나아가는 데 있습니다. 그리고 그것이 확실히 가능하게 되면 이제부터는 부드럽게 무는 횟수를 점차적으로 줄여나갑니다. 그렇게 하면 강아지는 부드럽게 무는 것도 좋지 않다는 것과 힘을 주어 무는 행동은 절대 용서받지 못한다는 것을 확실하게 배우게 됩니다.

강아지가 4개월 반 정도 될 때까지는 아직 시간이 많이 남아 있으니 강아지의 교육 과정에서 가장 중요한 물기 억제를 확실하게 마스터 할 수 있도록 시간을 들여서 가르쳐 주세요. 강아지의 무는 횟수가 많을수록 물리면 아프다는 것을 배우는 기회도 증가하기 때문에 성견이 되어서도 턱의 힘을 보다 안전하게 컨트롤할 수 있게 됩니다.

무는 행동의 억제를 할 수 없는 강아지와 함께 산다는 것은 불쾌하며 위험한 일입니다. 그렇기 때문에 여러분이 키우는 강아지의 무는 습관의 억제는 반드시 유견기에 몸에 습득하도록 가르치지 않으면 안 됩니다.

여러분이 문제가 있는 청년기의 개나 성견들에게 무는 행동을 억제하는 습관을 가르치는 것은 불가능에 가까우며, 위험하고 시간도 많이 걸립니다. 혹시 그럴 필요가 있을 경우에는 즉시 경험이 많고 신뢰할 수 있는 애견 훈련사에게 부탁하세요.

6. 청년기 강아지의 변화와 대책

강아지가 성장하는 과정 중에서 유견기를 지나 성견으로 진행하는 시기를 '청년기'라고 합니다. 사람으로 비유하면 사춘기와 비슷해서 에너지가 넘치고 생각이 많아지기 때문에 강아지가 청년기로 접어들면 '왜?'라는 질문을 하게 됩니다.

왜 자신이 원치도 않는 순간에 '앉아'라는 명령에 따라 앉아야만 하는지, 왜 산책을 나가면 주인 옆을 따라서 걸어야 하는지를 의심하기 시작할 것입니다.

강아지는 성장하면서 행동이 좋아지기도 하고 나빠지기도 하며 계속해서 변화해 갑니다. 그래서 청년기에는 강아지가 좋지 않은 행동이나 기질을 보이지 않도록 언제나 주의해서 살펴보아야 합니다. 여러분이 청년기의 강아지를 지속적으로 잘 가르치고 사회성을 유지시켜 준다면 점점 상태가 좋아질 것이고, 그렇지 않으면 반드시 문제 행동을 일으키게 될 것입니다.

7. 강아지와 산책

강아지와 함께 행복하게 살기 위해서는 강아지가 항상 건강하게 사회생활을 할 수 있도록 사회성을 키워주고, 지속적으로 그 상태를 유지할 수 있도록 해주어야 합니다. 그리고 강아지가 사회성을 유지하기 위해서는 낯선 사람들이나 다른 강아지들과 자주 만나야만 한다는 점을 잊지 말아야 합니다. 매일 똑같은 사람이나 강아지들과 만나거나 가끔 산책하는 것만으로는 강아지의 사회성을 지속적으로 유지하기 위해서 충분하지 않습니다.

여러분의 강아지는 단순히 오래된 이웃 친구들과 잘 지내는 것뿐만 아니라 모르는 사람들과 만나더라도 이에 잘 대응할 줄 아는 좋은 매너를 몸에 익혀야 합니다. 그래서 정기적으로 강아지를 산책에 데리고 나가는 것은 산책의 즐거움뿐만이 아니라 강아지의 사회성을 유지 발전시키기 위한 것이라고 할 수 있습니다.

그렇게 되면 여러분의 생활도 변화하기 시작할 것입니다. 강아지를 기르는 것만으로도 다양한 기쁨을 누릴 수 있기 때문입니다. 애견 파크에서 강아지와 함께 느긋한 오후를 보내거나 공원에서 강아지와 함께 산책하며 행복과 편안함을 느낄 수 있게 될 것입니다. 또한, 강아지를 차에 태우고 여행을 가거나 해변에서 강아지와 함께 멋진 휴가를 보낼 수도 있을 것입니다.

Part 04

배변
교육

실패하지 않는 배변 교육

강아지를 키우는 사람들이 가장 힘들어하는 문제 중 하나는 강아지가 집 안을 온통 배설물로 더럽히는 배변 문제입니다. 사실 강아지에게 있어서 배변은 지극히 자연스럽고 정상적인 행동이지만 단지 사람들이 원하지 않는 장소에 한다는 것이 문제일 뿐입니다.

강아지가 사람들이 원하는 장소에서 배변할 경우에 칭찬을 해주거나 간식을 주면 배변 교육은 빠르고 간단하게 해결됩니다.

강아지는 자신이 배설한 대변과 소변이 마치 자동판매기에 동전을 넣었을 때처럼 맛있는 간식으로 보상받게 된다는 것을 알게 되면 사람들이 원하는 배변 장소에서 배설하고 싶어 합니다. 또한 집 안의 아무 데서나 배설하면 보상은커녕 벌을 받는다는 것을 알게 되면 강아지의 배변 습관은 달라집니다.

강아지가 집 안을 배변으로 더럽히는 것은 장소와 타이밍의 문제입니다. 강아지가 재미있게 놀다가 방광과 장이 가득 차서 배변을 하고 싶은데 정해놓은 강아지 화장실을 찾을 수 없거나 화장실이 갈 수 없는 장소에 있는 것이

문제입니다.

또한, 배변 교육이 성공하기 위해서는 타이밍이 중요합니다. 사실 배변 교육이 효과적으로 가능하게 될지 안 될지는 강아지가 언제 배변하고 싶어 하는지를 주인이 예측할 수 있는가에 달려 있습니다. 만약 관찰을 통해서 강아지의 배변 타임을 정확히 알 수만 있다면 그때 주인이 강아지를 적절한 배변 장소로 데리고 가서 배변을 시키고 강아지가 올바르게 배변하면 충분한 보상이나 칭찬을 해주면 배변 교육은 성공할 수 있습니다.

어린 강아지는 막 잠에서 깨어나면 보통 30초 이내에 소변을 보고, 몇 분 내로 대변을 봅니다. 하지만 그렇다 하더라도 웬만큼 한가한 사람이 아닌 이상 강아지가 일어나자마자 소변과 대변을 할 때까지 지키고 있을 수는 없습니다. 그렇다면 적절한 타이밍에 강아지를 깨워서 배변을 시키거나 강아지가 일어나는 때를 정확히 알 수 있도록 강아지 목줄에다 방울을 달아주는 것이 좋습니다.

단시간 크레이트나 이동 장 같은 좁은 장소에 강아지를 넣어 두면 강아지가 언제 배변하고 싶어 하는지를 간단하고 정확하게 예측할 수 있습니다. 강아지는 자신이 자는 장소를 더럽히는 것을 싫어하기 때문에 그곳에 있는 동안에는 대변과 소변을 정말 열심히 참습니다. 그렇기 때문에 일정한 시간이 경과한 후에 강아지를 그곳에서 꺼내는 즉시 배변하게 되므로 배변을 가르치는 일이 어렵지 않습니다.

우리 강아지는 천재인가요?

가끔 여러분들 주변에서 자신은 강아지에게 특별히 배변 교육을 하지도 않았는데 배변을 잘한다고 자랑하는 사람들을 본 적이 있을 겁니다. 그런 경우에 그 집 강아지가 머리가 영리한 천재라기보다는 그 사람이 운이 좋았거나 강아지 선택을 잘했다고 볼 수 있습니다.

수많은 강아지에게 배변 교육을 진행하면서 통계를 만들어 보았더니 일반적으로 어린 강아지를 입양했을 때 특별하게 배변 교육을 하지 않는데도 스스로 배변 패드나 배변판을 찾아가서 배변하는 기특한 강아지들이 약 20% 정도 되었습니다. 반대로 신경을 써서 여러 가지 방법으로 배변을 가르쳐도 배변 교육이 잘 안 되는 강아지들도 역시 약 20% 정도 되는 것 같습니다. 그렇지만 대부분의 강아지는 주인이 조금만 신경을 써서 적절한 시기에 올바르게 배변 교육을 하면 배변을 잘하게 됩니다.

똑같이 어린 강아지를 입양했는데도 불구하고 그렇게 배변 활동에 차이가 나타나는 것은 단지 강아지를 번식한 브리더가 어떤 환경에서 어떻게 키웠느냐에 따라서 다른 결과로 나타나는 것입니다.

배변 교육은 데리고 온 첫날부터 시작해야 합니다

배변 교육을 하는 것은 강아지 예절 교육 과정에서 최우선 사항입니다. 강아지가 집에 온 첫날부터 실패하지 않는 배변 교육 프로그램을 진행하고, 가정에서 필요한 예절 교육을 함으로써 앞으로 일어날 수 있는 여러 가지 문제 행동을 미리 예방할 수 있습니다.

강아지에게 가정에서 생활하는 데 필요한 매너를 가르치는 것은 매우 중요합니다. 처음부터 견주가 강아지에게 배변 교육을 가르치지 않고 방치해서 한 번이라도 강아지가 집안을 배설물 범벅으로 만들어 버리면 그때는 강아지에게 배변 교육을 하는 것이 아니라 배변 문제를 교정하는 프로그램을 진행해야 합니다. 그러면 처음에 배변을 가르치는 것보다 몇 배나 힘든 과정과 노력이 필요하게 되기 때문에 강아지는 집에 데려오자마자 배변 교육을 해야 하는 것입니다.

🐕 배변 교육은 쉽고 간단합니다

강아지의 배변 교육은 상당히 쉽고 간단합니다. 강아지들은 배변 장소만 올바르게 가르쳐 주면 비교적 잘 지키는 편이기 때문입니다. 강아지 주인이 해야 할 일은 강아지에게 배변해야 하는 적절한 장소를 가르쳐주고 원하는 장소에서 배변할 때마다 칭찬이나 간식으로 보상을 해주기만 하면 됩니다.

새로 입양한 강아지나 성견은 주인이 어느 장소에다 배변하기를 원하는지 전혀 모릅니다. 그렇기 때문에 주인이 원하는 배변 장소를 강아지가 이해할 수 있는 방법으로 반복해서 가르쳐 주어야 합니다. 그렇게 했는데도 불구하고 강아지가 잘못을 저지른다면 성급하게 꾸짖기보다는 강아지에게 배설해도 좋은 '올바른 장소'를 다시 알려주어야 합니다. 잘못을 저지른 강아지를 꾸짖을 때도 무작정 야단을 치기보다는 어떻게 해야 할지를 알려주는 지도적인 교육 방법으로 꾸짖어야 합니다.

🐾 배변은 두 가지 본능적인 요인이 결정합니다

강아지들이 배변을 하는 데는 기본적으로 두 가지 본능적인 요인이 작용합니다. 하나는 언제나 같은 장소에서 배변하려는 '장소의 선택'이고, 또 하나는 배변할 때 발바닥으로 느끼는 바닥이 동일해야 한다는 '발밑의 선택'입니다.

모든 강아지는 대체로 이 두 가지 선택이 일치하는 장소에서 배변을 합니다. 그렇지만 강아지들 중에는 두 가지 본능 중에서도 비교적 한 가지 본능에 강하게 집착하는 경우도 있습니다.

예를 들면, 어떤 강아지가 자신이 늘 배변을 하던 장소에 있던 배변 패드를 다른 곳으로 옮겨 놓아도 따라와서 옮겨진 패드 위에 배변을 잘한다면 그 강아지는 '발밑의 선택'이 강한 강아지입니다. 만약에 강아지가 옮겨놓은 패드를 따라오지 않고 패드가 없더라도 원래 배변을 하던 장소에다 그냥 배변한다면 그 강아지는 '장소의 선택'이 강한 강아지입니다.

여러분이 강아지들의 그런 본능적인 습관을 이해하게 되면 강아지의 배변 교육은 상당히 쉽고 간단해집니다. 강아지는 사람들이 배변해야 하는 장소를 알려 주면 비교적 잘 지키는 편이기 때문입니다.

🐾 배변 교육에는 지켜야 할 3가지 원칙이 있습니다

첫째, 주인은 강아지가 적절한 장소에서 배변을 할 때마다 칭찬해 주어야 합니다. 그래야 주인이 바라는 것을 강아지가 쉽게 이해할 수 있습니다.

둘째, 주인이 부재중일 경우나 주인이 집에 있더라도 지속적으로 배변하는 강아지에게 신경을 쓸 수 없다면 강아지를 이동 장이나 울타리 안에 넣어놓아야 강아지 마음대로 배변 장소를 선택해서 실내를 더럽히는 나쁜 버릇이 생기지 않습니다.

셋째, 강아지가 잘못된 장소에서 배변했을 경우에도 벌을 주기보다는 교육적 질책을 하고 다시 가르쳐 주는 것이 오히려 학습의 기회가 됩니다.

체벌 위주의 배변 교육은 효과가 없습니다

강아지 배변 교육 과정에서 벌을 효과적으로 활용하기 위해서는 강아지가 잘못된 행동을 하는 즉시, 늦어도 2~3초 이내에 실시해야 합니다. 잘못된 행위는 현장에서 교정하지 않으면 안 됩니다. 보다 더 좋은 방법은 강아지가 잘못된 행동을 하려는 바로 그 순간에 꾸지람이나 경고를 할 수 있도록 충분하게 주의를 기울이는 것입니다.

그렇지만 운이 좋아서 강아지가 잘못을 범하려고 하는 순간을 포착했다고 하더라도 벌을 주는 것은 실제로 효과가 없을 뿐만 아니라 강아지에게는 잔혹한 일이 되기 때문에 벌을 주기보다는 교육적인 방법으로 가르치는 것이 좋습니다. 잘못한 강아지를 꾸짖기만 하는 배변 교육은 시간이 점점 오래 걸리게 되고, 또 다른 새로운 문제가 발생할 것입니다.

강아지의 '잘못된 배변'을 꾸짖기만 하는 교육 프로그램을 진행하면 강아지는 즉시 처벌과 주인의 존재를 연결시켜 버립니다. 배변을 잘못한 강아지를 처벌한다고 해서 강아지가 반드시 배변을 잘못하면 안 된다는 것만 배우지 않습니다. 오히려 주인이 있는 곳에서 배변하는 것이 좋지 않다는 것을 배울 뿐입니다. 그러면 결과적으로 처벌을 위주로 하는 교육의 효과는 제로입니다. 그뿐만 아니라 처벌 위주로 교육하면 그때부터 강아지는 주인이 곁에 있을 때 배변하는 것을 꺼리게 됨으로써 올바른 장소에서 배변을 잘하더라도 강아지를 칭찬해 줄 수 없게 됩니다.

강아지는 패드 배변 교육 방법이 좋습니다

패드 배변 교육 방법은 새로 입양한 어린 강아지나 여러 마리 강아지를 같이 키우는 경우에 적합한 교육 방법이며 강아지의 본능적 습관인 '발밑의 선택'을 활용하는 방법입니다. 특히 이 방법은 처음 입양한 어린 강아지에게 배변 교육을 하는 데 아주 효과적이라서 울타리 적응 교육을 할 때 동시에 진행하거나 빈방을 활용해서 가르칠 수도 있습니다.

우선, 준비해 놓은 울타리나 빈방의 바닥 전체에 빈틈없이 여러 장의 배변 패드를 깔아 놓습니다. 그런 다음에 강아지를 넣어놓으면 강아지는 어쩔 수 없이 패드 위에서 배변을 해야 합니다. 그렇게 며칠이 지나면 강아지는 패드 위에서 배설하는 행동을 발달시킬 뿐만 아니라 발바닥 감촉에 익숙한 패드 위에 배설하는 것이 습관화됩니다. 그렇게 습관이 되면 나중에 울타리를 치우고 실내를 자유롭게 이용할 수 있을 때에도 배설하기 위해서 자연스럽게 패드가 깔린 장소나 방을 찾게 되는 것입니다.

대부분의 강아지는 넓게 깔린 패드 영역 중에서도 특정한 한쪽 장소를 선택해서 배설하는 경향이 있으며, 또한 잠자리에서 어느 정도 떨어진 곳에다가 배변 장소를

정하는 본능이 있습니다. 그러므로 일단 지정된 방이나 울타리 전체에 배변 패드를 깔아놓으면 여러 장의 패드 중에 먼 곳이나 구석 쪽의 일정한 장소에 다 배변하게 됩니다. 그러면 강아지가 계속 배변을 하는 패드와 거리가 먼 곳에서부터 패드를 한 장씩 치워 가노라면 결국 마지막에는 강아지가 항상 배변하는 한두 장의 패드만 남게 됩니다. 이것이 패드 배변 교육의 요체입니다.

이 교육 방법의 포인트는 초기 단계에 깔아 놓는 패드 영역을 점점 좁혀 갈 때, 강아지가 주로 배변하는 장소로부터 가장 멀리 있는 지점의 패드부터 순차적으로 치워가는 방법으로 진행하는 것입니다. 그렇게 하면 결국 강아지가 좋아하는 배변 장소에는 패드가 한두 장 정도만 남습니다. 그렇게 하면 대부분의 강아지는 항상 그 장소에 가서 배변합니다. 그때 패드를 여러 장 겹쳐 놓으면 변을 싸서 버리는 데 도움이 됩니다.

가끔 패드를 새로운 것으로 교체할 경우에도 겹쳐진 패드의 아랫부분 한 장은 남겨 두는 것이 좋습니다. 왜냐하면, 강아지는 항상 자신의 소변 냄새가 묻어 있는 장소에 배변하는 경향이 있는데, 아래에 있는 패드에는 강아지 자신의 변 냄새가 조금 남아 있기 때문입니다. 그렇게 패드 배변 교육을 가르쳐 놓으면 강아지가 배변하고 싶어지면 언제나 어디서든 발바닥 감촉에 익숙한 패드를 깔아 놓은 장소로 찾아가서 배변하게 됩니다.

어떤 생활 환경이라고 하더라도 강아지를 오랫동안 혼자 있게 놔두면 강아지는 주인이 없는 동안에 배변을 합니다. 특히 한 시간 이상 방치해 두었을 경우에는 대부분의 강아지가 배변을 하기 때문에 주인 외출 시에는 강아지가 집 안에서 마음대로 배변하는 것을 막기 위해서 강아지를 울타리나 빈방 같은 곳에 넣어 놓는 것이 좋습니다.

Q&A 배변 교육

💬 강아지가 울타리에 매달리거나 패드를 물어뜯어 버려요!

🐾 물론, 울타리 안에서 패드 배변 교육을 하다 보면 어떤 강아지들은 울타리를 넘어서 밖으로 나오려고 한다든가 바닥에 깔아 놓은 패드를 물어뜯으면서 노는 경우가 있어서 원하는 교육 효과를 얻기 어려운 경우가 발생할 수도 있습니다. 그럴 경우를 대비해서 울타리는 견고하고 강아지가 넘어올 수 없는 제품을 사용해야 하고, 울타리 안에는 강아지가 관심을 갖거나 물어뜯으면서 놀 수 있도록 콩 제품이나 비지버디 트위스트 같은 물기 놀이 장난감을 꼭 넣어 주어야 합니다. 그리고 배변 패드가 밀리거나 강아지가 물어뜯지 않도록 스카치 테이프로 고정해놓는 것이 좋습니다.

💬 울타리 안에서는 패드 위에 배변을 잘하는데 내놓으면 아무 데나 싸버려요!

🐾 강아지가 울타리 안에서 패드에 배변을 잘하게 되더라도 강아지를 꺼내놓을 때 꼭 주의해야 할 일이 있습니다.

보통, 사람들은 강아지가 울타리 안에서 배변을 잘했으니까 이제 꺼내놓아도 밖에서 놀다가 변이 마려우면 울타리 안으로 들어가서 하거나 지금까지 배운 대로 여기저기에 미리 깔아놓은 배변 패드를 찾아가서 배변을 잘할 것으로 생각합니다. 그렇지만 아무런 준비 없이 강아지를 밖에다 꺼내놓으면 지금까지 열심히 가르친 배변 교육은 실패할 수도 있습니다.

어린 강아지가 오랫동안 울타리 안에서 지내다가 모처럼 밖에 나왔는데, 배변하고 싶다고 다시 울타리 안으로 찾아 들어가서 배변 패드에다 할 가능성은 별로 없습니다. 또 간만에 강아지를 내놓으면 매우 흥분을 하기 때문에 여기저기에 배변 패드가 준비되어 있더라도 잘 보지 못하고 그냥 아무 데나 싸버립니다. 그렇게 되면 지금까지 애써 울타리 안에서 가르친 배변 교육도 허사가 돼버리고, 오히려 밖에서는 아무 데서나 배변하는 나쁜 습관이 생겨버립니다. 그렇기 때문에 울타리 안에서 배변을 잘하게 된 강아지라도 밖으로 내놓기 전에 미리 밖에 준비되어 있는 화장실의 위치를 확실하게 가르쳐 주어야 합니다.

그럴 때는 강아지를 울타리에서 꺼내놓기 전에 밖에다 미리 한 군데 장소를 정해서 배변 패드를 깔아둡니다. 그리고 강아지를 울타리에서 꺼내자마자 바로 "화장실!" 하면서 패드가 있는 곳으로 데리고 갑니다. 강아지가 배변 패드 위에 올라오면 "옳지!" 하고 칭찬하면서 간식을 줍니다. 그렇게 하면 강아지는 패드가 있는 장소를 확실히 기억하게 될 뿐만 아니라 주인이 "화장실" 하고 지시했을 때 배변 패드를 찾아가면 칭찬도 듣고 맛있는 간식을 먹을 수 있다는 것을 학습하게 됩니다.
그런 과정을 10회 이상 반복해서 진행하세요.
만약에 그렇게 했는데도 강아지가 다른 곳에다 배변하는 경우가 생긴다면 강아지가 아직 패드에 배변하는 인식이 부족한 것이므로 처음부터 다시 진행해서 패드 배변 교육을 강화해야 합니다.

💬 강아지가 배변하면 왜 칭찬해 줘야 하나요?

🐾 강아지가 잘못된 행동을 할 때 감정적으로 혼내는 것보다는 올바른 행동을 하였을 때 진심으로 칭찬해 주는 것이 훨씬 더 좋은 방법입니다. 따라서 강아지가 배변을 잘하면 "옳지! 잘했어!" 하고 많이 칭찬해 주세요.

시큰둥하게 "고마워" 하는 정도로 칭찬해서는 안 됩니다.

여러분이 강아지를 칭찬할 때에 조금 쑥스럽고 창피하다고 크게 칭찬하지 않으면 언젠가는 강아지가 집 안을 배설물로 더럽히는 문제가 벌어질지도 모릅니다.

강아지가 정말 훌륭한 일을 한 것처럼 진심으로 칭찬해 주세요.

💬 어째서 꼭 간식을 주어야 하나요?

🐾 대부분의 사람은 강아지가 배변을 올바르게 했다고 하더라도 적절한 타이밍에 강아지가 칭찬받고 있다고 느낄 수 있을 만큼 충분하게 칭찬해주는 행동에 서툽니다. 그래서 만약을 위해 강아지가 바른 행동을 하는 경우에 칭찬과 더불어 간식을 주는 것이 효과적입니다. 배변 교육의 원칙은 강아지가 올바르게 배변했다면 칭찬과 간식을 주는 것입니다. 그러기 위해서 전용 화장실 근처에는 간식을 채워 둔 통을 준비해 놓으면 편리합니다.

💬 실내에서 배변을 잘하면 보상으로 산책을 하세요!

🐾 어떤 사람들은 키우는 강아지가 실내에서 대소변을 보지 않고 밖에서 배변하면 오히려 더 좋지 않을까 생각하는 분들도 계실 겁니다. 그러나 현실은 그렇지 않습니다.

비가 오는 날, 눈이 오는 날, 집안에 행사가 있어서 주인이 부재 중이거나 늦게 들어올 경우에도 강아지는 늘 밖으로 나가기만을 기다리게 되기 때문입니다. 생리적인 배설 욕구는 하루에도 수차례 반복되기 마련인데, 강아지는 그때마다 고통스러운 시간을 보내게 되고 주인은 항상 불안해집니다. 그래서 실내에서 키우는 강아지는 실내에서 배변하도록 가르치는 것이 바람직합니다.

가능하다면 강아지가 실내에 있는 전용 화장실에서 배변하면 칭찬해 주고, 배변을 잘한 보상으로 산책을 데리고 나가는 편이 훨씬 좋습니다.

여러분의 강아지를 밖으로 데리고 나가도 괜찮을 시간이 되었다면 매번 강아지를 전용 화장실로 데리고 가서 강아지 앞에 선 채로 배변하는 것을 기다려 주세요. 그리고 배변이 끝나면 즉시 강아지를 칭찬해주고 산책을 나가세요. 그러면 앞으로 더 이상 실외 배변에 대한 걱정 없이 즐겁게 산책을 할 수 있을 겁니다.

💬 아무리 해도 강아지 배변 교육에 실패하면 어떻게 해야 하나요?

🐾 그렇다면 여러분은 지금까지 설명한 방법을 잘 따라 하지 못했기 때문일 것입니다. 배변이 가득 찬 강아지를 자유롭게 집 안에 풀어 놓았든지, 강아지가 배변을 잘못한 현장을 발견하였을 때 소리치거나 혼을 내어 강아지에게 '주인 앞에서는 절대 배변하지 말아야겠다.'라고 학습시켰기 때문일 것입니다.

만일 여러분의 강아지가 원치 않는 장소에다 배변하는 장면을 목격하였을 때는 바로 감정적으로 행동하지 말고 절박함과 아쉬움을 담아서 "화장실!" 하고 강아지에게 지시해 주세요. 여러분의 간절한 음색과 다급해 하는 소리를 듣고 강아지는 곧바로 여러분이 자신에게 무언가를 요구하고 있는지를 알게 되고, 배변을 어디에서 해야 하는지를 깨닫게 됩니다.

강아지가 혹시 여러분이 원하지 않는 장소에다 배변을 하더라도 바람직하지 않은 방법으로 혼내는 것은 절대 해서는 안 되는 행동입니다. 그럴 경우에는 앞에서 설명한 배변 교육 방법을 다시 한 번 읽고 올바르게 가르쳐 주세요!

Part 05

홈 얼론 교육

홈 얼론 교육이 꼭 필요합니다

현대 사회에서 사람과 같이 생활하는 강아지들은 항상 가족과 함께 지낼 수는 없기 때문에 혼자 남아 있게 되더라도 즐기면서 잘 지낼 수 있는 방법을 가르쳐 주어야 합니다. 강아지 혼자서 잘 지낼 수 있도록 가르치는 것은 주인이 항상 강아지를 지켜보고 있지 않더라도 나쁜 행동을 하지 않고 가정의 규칙을 확실하게 지킬 수 있도록 하기 위한 의미도 있지만, 더욱 중요한 것은 주인이 없는 동안에도 강아지가 불안에 떨지 않도록 해주기 위해서입니다. 통상적으로 이 두 가지는 세트로 볼 수 있습니다. 왜냐하면, 강아지가 불안해지면 평소보다 많이 짖게 되고, 가구를 물어뜯기도 하고, 아무 데나 배변하려는 경향이 있기 때문입니다. 따라서 가능하면 강아지가 처음 여러분의 집으로 온 지 며칠 안에 강아지 혼자서도 안심하며 잘 지낼 수 있도록 홈 얼론 교육을 꼭 해야 할 필요가 있습니다. 그렇게 하지 않는다면 앞으로 강아지는 집에 혼자 남겨졌을 때 분명히 극도의 불안과 스트레스에 시달리게 될 것입니다.

강아지가 혼자 있더라도 즐겁게 지낼 수 있도록 교육하는 것은 강아지 교육 과정에서 긴급하게 진행해야 할 사항입니다. 집에 온 지 며칠에서 몇 주 동안은 관심과 애정이 넘쳐나다가 어른들은 회사에 출근해야 하고 아이들은 학교에 가야 하기 때문에 강아지를 혼자 남겨두게 된다면 너무 불쌍한 일 아닌가요? 그렇게 되지 않도록 강아지를 입양해서 집으로 데려오면 전용 울타리 안에 넣어 놓고 혼자서도 조용한 시간을 즐길 수 있도록 가르쳐 주어야 합니다. 그리고 울타리 안에는 반드시 먹이를 채운 물기 장난감 같은 몇 가지 놀이 도구를 넣어주고, 가족이 외출 중일 때는 강아지가 거기에 열중하며 즐겁게 지낼 수 있도록 미리 가르쳐주어야 한다는 것을 잊지 마세요. 그렇게 해서 강아지가 혼자서도 잘 지내면 외출하는 가족들의 마음도 평온해지고, 더욱 중요한 것은 사랑하는 강아지가 불안이나 공포에 떨지 않고 지낼 수 있게 됩니다.

또한, 홈 얼론 교육을 해놓으면 강아지가 심각한 '분리 불안증'에 걸려서 집안을 배설물로 더럽히거나 가구를 물어뜯거나 쓸데없이 짖어대거나 하는 문제 행동을 예방할 수 있습니다. 강아지가 견주에게 지나치게 집착하거나 혼자 남겨졌을 때 불안해하면 강아지의 삶은 비참해질 수밖에 없습니다.

대부분의 사람은 자신의 강아지가 혼자 집에 남아 있더라도 착하게 행동하고 스스로 혼자 잘 놀 것이라고 기대합니다. 또 어떤 주인은 강아지가 완벽한 천사처럼 행동하기만을 바랍니다. 즉 강아지가 스스로 알아서 집안의 규칙을 배울 수 있을 거라 여깁니다. 하지만 세상에 가르쳐주지 않아도 알아서 잘할 수 있는 강아지는 없습니다. 그러므로 여러분이 강아지에게 혼자서도 잘 지내는 방법을 가르쳐 주어야 합니다.

홈 얼론 교육은 두 가지 부분으로 구성됩니다

🐾 🐾

첫째, 강아지가 물기 장난감을 갖고 노는 방법을 가르칩니다

강아지가 혼자서도 잘 지낼 수 있도록 습관을 만들어 주기 위해서는 먼저 여러분이 집에 있을 때 강아지를 울타리 안에 넣어 놓고 충분한 양의 물기 장난감을 주어야 합니다. 그리고 한 시간마다 강아지를 꺼내서 함께 물기 장난감을 사용하는 게임이나 놀이를 하는 것도 좋습니다.

예를 들면 장난감 찾기, 장난감 가져오기, 장난감 잡아당기기 같은 게임을 하게 되면 강아지에게 물기 장난감을 갖고 노는 습관이 바로 생깁니다. 강아지가 물기 장난감을 좋아하게 되어서 적어도 3개월 이상 물건을 물어뜯거나 집을 배변으로 더럽히는 나쁜 습관이 생기지 않는다면 강아지 놀이용 울타리를 두 배로 넓혀도 괜찮습니다. 그렇게 실패 없이 1개월씩 지날 때마다 집 안에서 강아지가 들어가도 좋은 방을 한 개씩 넓혀 가면 마지막에는 강아지를 혼자 집에 두더라도 아무 걱정 없이 집 안에서 자유롭게 뛰어놀도록 할 수 있습니다. 그러다가 혹시 강아지가 한 번이라도 다른 물건을 물어뜯는 경우가 생기면 강아지가 지내는 장소를 울타리 안으로 제한하는 프로그램을 처음부터 다시 시작해서 적어도 1개월 동안은 지속해야 합니다. 물기 장난감을 좋아하도록 강아지를 집중적으로 가르치면 아무거나 물어뜯는 나쁜 행동을 예방할 수 있으며, 쓸데없이 짖는 행위도 예방할 수 있습니다. 왜냐하면, 강아지가 무는 행동과 짖는 행동을 동시에 할 수는 없기 때문입니다.

강아지에게 물기 장난감을 좋아하게 만들어 주는 것은 분리 불안증과 같은 강박성 장애가 있는 강아지에게 특히 유효합니다. 물기 장난감을 갖고 노는 행동을 하면서 지내는 것은 강박 관념이나 돌발적 행동을 발산하는 데 아주 좋은 방법이기 때문입니다. 물론 단지 그것만으로 강박성 장애가 완치되는 것은 아니지만, 먹이가 채워져 있는 장난감이 있으면 그것에 충동적으로 매달려 물고 놀면서 즐거운 시간을 보낼 수 있게 됩니다.

가장 중요한 것은 이 물기 장난감 트레이닝으로 보통 강아지들의 분리 불안 증을 효과적으로 예방할 수 있다는 점입니다. 대부분의 강아지 주인들은 자주 강아지를 집에 혼자 남겨둘 수밖에 없는 상황에 부딪히게 됩니다. 그럴 때 강아지들이 혼자서도 잘 지낼 수 있도록 하기 위해서는 여러분이 강아지와 집에 있는 동안에 강아지가 혼자서도 안정적인 행동을 보이도록 미리 가르쳐 두어야 하며, 혼자서도 조용히 잘 지낼 수 있도록 기회와 조건을 제공해 주어야 합니다.

둘째, 강아지가 크레이트(이동 장)와 울타리에 익숙해지도록 가르칩니다

강아지가 혼자서도 잘 지낼 수 있도록 하기 위해서는 크레이트나 울타리에 익숙해지도록 교육하는 것이 급선무입니다. 어린 강아지는 여러분이 조금만 노력해서 가르치면 크레이트에 금방 적응해서 그곳을 자신의 '안식처'나 '보금자리'라고 생각합니다.

처음 강아지를 키우는 사람 중에는 푹신푹신한 마약 방석을 선호하는 경우도 있습니다만, 사실 마약 방석을 사용하는 것보다 크레이트(이동 장 등)를 사용하는 것이 강아지에게 더 좋을 뿐만 아니라, 혹시 앞으로 강아지에게 배변 문제, 분리 불안증, 짖는 문제 등 여러 가지 문제 행동이 발생하더라도 효과적으로 교정하는 데 크레이트 교육이 도움이 됩니다.

다시 말해서 강아지에게 크레이트(이동 장) 훈련을 시켜놓으면 여러 가지로 편리할 뿐만 아니라 강아지가 크레이트 안에서 잘 지내게 되면 정서적으로도 안정되고 홈 얼론 교육을 하는 데 많은 도움이 됩니다.

크레이트 훈련을 하는 방법

강아지는 조금만 가르쳐주면 크레이트(이동장)에 금방 적응해서 그곳을 자신이 숨을 장소나 보금자리라고 생각합니다.

어린 강아지를 크레이트에 들어가도록 훈련시키는 것은 상당히 간단합니다. 우선, 처음에는 강아지가 크레이트에 익숙해지도록 냄새를 맡게 해주거나 근처에서 놀도록 기회를 줍니다. 그렇게 해서 어느 정도 크레이트에 친숙해지면 강아지에게 "하우스!"라고 말하고 간식을 조금씩 크레이트 안으로 던져 주면서 유혹하면 강아지는 쉽게 크레이트 안으로 들어갑니다. 그렇지만 강아지가 크레이트에 들어가자마자 문을 닫아버리면 안 됩니다. 강아지가 즉시 크레이트에서 나와도 괜찮습니다.

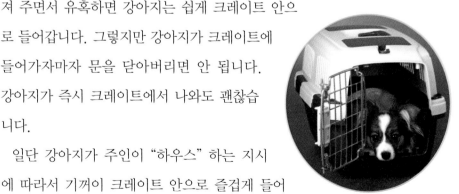

일단 강아지가 주인이 "하우스" 하는 지시에 따라서 기꺼이 크레이트 안으로 즐겁게 들어

갈 수 있으면 간식을 주기 전에 몇 초 동안 "엎드려!"라고 지시합니다. 주인은 크레이트 옆에 앉아서 강아지가 크레이트 안에서 엎드리면 보상으로 간식을 주고, 그런 상태로 기다리고 있는 동안에 계속 말을 걸면서 쓰다듬어 줍니다. 그렇게 하면 강아지는 크레이트가 들어가서 기다리고 있으면 포상으로 맛있는 간식을 얻어먹을 수 있는 즐거운 장소라는 것을 학습합니다.

일단 강아지가 크레이트가 즐거운 곳이라는 것을 이해하게 되면 아주 잠깐 동안 문을 닫아 봅니다. 그때 강아지 주인은 계속해서 강아지에게 칭찬하거나 말을 걸면서 가끔 앞쪽이나 옆에 있는 구멍으로 간식을 조금씩 넣어 줍니다. 처음에는 상당히 짧은 시간, 길어도 2~3분 동안만 크레이트를 닫아 놓습니다. 대략 반나절 동안에 강아지가 크레이트를 들락날락하는 것을 20~30회 정도 반복하게 하는 것이 좋습니다.

강아지가 크레이트 안에 있을 동안에는 칭찬하고 포상도 주지만 밖으로 나오면 무시합니다. 그렇게 하면 강아지는 크레이트를 주인의 관심이나 애정과 연결시켜서 크레이트가 멋지고 좋은 장소라는 것을 금방 배우게 됩니다.

그렇게 되면 실제로 크레이트를 평상시에 일반 개집으로 사용해도 좋습니다. 사실 크레이트 트레이닝이 되어 있는 강아지는 눕거나 휴식하기 위한 장소로서 크레이트 안으로 들어가고 싶어 할 뿐만 아니라 크레이트 문이 열려 있어도 나가려고 하지 않고, 오랫동안 거기에 머물러 있습니다.

크레이트를 타월로 덮어서 약간 어둡게 해주는 것을 좋아하는 강아지도 있습니다. 크레이트를 강아지가 휴식을 취하거나 간식을 숨기는 보금자리와 같은 환경으로 만들려면 주인은 다른 사람이 크레이트 안에 들어 있는 간식을 가져가더라도 강아지가 화를 내지 않도록 훈련을 시켜 놓아야 합니다.

크레이트 적응 교육을 받아 본 적이 없는 성견의 경우에는 크레이트를 이용하기 전에 보통 1주일 정도의 시간을 들여서 크레이트에 친숙해지도록 하는 것이 좋습니다. 크레이트 적응 교육을 받아 본 적이 없는 성견을 무리하게 넣어 놓으려고 하면 틀림없이 거기에서 나오려고 온갖 시도를 다 할 뿐만 아니라 크레이트를 감금 장소라고 생각하게 되어 다시는 들어가고 싶어 하지 않을 것입니다.

강아지가 크레이트를 좋아해서 스스로 들어갈 수 있도록 가르치는 또 다른 방법이 있는데, 그 방법은 정말이지 너무 간단합니다.

우선, 강아지가 보는 앞에서 미리 준비해 놓은 안이 비어있는 물기 장난감에 간식을 채워서 물기 장난감의 냄새를 강아지에게 맡게 한 후에 천천히 장난감을 크레이트 안에 넣어 두고 강아지는 밖에 놓아둔 채 크레이트 문을 닫습니다. 그렇게 하면 대부분의 강아지들은 바로 문을 열고 안으로 들어가려 합니다. 그래도 잠시 애를 태우다가 "하우스" 하면서 문을 열어 줍니다. 그러면 강아지는 바로 크레이트 안으로 들어가서 간식이 들어 있는 물기 장난감에 열중하게 됩니다.

강아지를 장시간 울타리 안에 넣어 놓을 때는 먹을 것을 채운 물기 장난감을 울타리 안에 있는 크레이트에 넣어 놓고 크레이트 문은 열어 둡니다. 그렇게 하면 강아지는 크레이트 밖을 설렁설렁 걸어 다닐 수도 있고, 크레이트 안에서 낮잠을 자거나 장난감에서 음식이나 간식을 꺼내 먹는 것도 가능해집니다.

기본적으로 항상 먹이를 채운 장난감은 크레이트 안에 넣어두어야 하며, 강아지는 자유롭게 크레이트 안으로 들어가거나 나오거나 할 수 있어야 합니다. 그렇게 하면 대부분의 강아지는 크레이트 안에서 느긋하게 장난감을 가지고 놉니다. 강아지 식사를 식기가 아닌 물기 장난감에 넣어 주거나 사람이 직접 손으로 먹이를 주는 방법은 여러 가지 훈련에서 특별한 효과를 발휘합니다.

강아지가 크레이트에 잘 적응하도록 가르치는 것은 강아지에게 배변을 가르치기 위한 수단으로나 간식을 채워 놓은 장난감을 물어뜯으면서 노는 방법을 가르치는 데 효과적입니다. 일단 강아지가 적절한 장소에서 배변을 잘하고, 혼자 있어도 아무거나 물어뜯지 않는 습관만 들이게 되면 강아지는 앞으로 집 안에서 자유롭게 돌아다닐 수 있습니다. 아마 수일 안에 강아지는 크레이트를 무척 좋아하게 될 것이며, 자기 스스로 크레이트 안에 들어가서 쉬는 방법을 익히게 될 것입니다. 크레이트는 자신의 안식처이자 자기 혼자서만 조용하고 안락하게 지낼 수 있는 자신의 굴과 같은 특별한 장소가 되는 것입니다.

한편, 강아지 혼자 남겨져서 처음부터 자기 마음대로 집 안을 뛰어 돌아다니도록 내버려두면 여러 가지 나쁜 습관이나 버릇이 생기게 되고, 그렇게 되면 결국 강아지는 버려져서 동물 보호 시설로 가는 비극을 맞이할 수도 있습니다. 집 안을 배설물로 더럽히고 소중한 물건을 물어뜯어 버리는 행동을 하는 것은 개를 죽음으로 이끄는 가장 큰 원인 중 하나입니다. 그러나 강아지에게 혼자 있더라도 크레이트를 좋아하고 물기 장난감을 갖고 노는 습관을 가르치면 강아지가 그런 문제를 일으키지 않도록 예방을 할 수 있습니다.

여러분이 집에 있을 때도 강아지가 크레이트에서 얌전히 지낼 수 있으면 강아지를 지켜보는 것이 편해집니다. 여러분이 가고 싶은 장소로 크레이트를 들고 옮기기만 하면 강아지는 언제나 옆에서 함께 지낼 수 있습니다. 그러다가 가끔 강아지를 다른 곳에 격리시켜 놓아두는 연습을 하면 나중에 강아지가 혼자 있거나 주인이 부재중일 때도 불안해하지 않고 잘 지낼 수 있습니다.

분리 불안증의 예방과 치유

🐾🐾

사회성이 부족한 강아지가 여러분과 함께 있는 것에 너무 의존하게 되거나 가족과 지나치게 깊은 애착 관계가 만들어지면 혼자 남게 됐을 때는 불안에 떨게 됩니다. 그러면 강아지는 스트레스를 많이 받게 되어 집 안 여기저기에 배변을 하거나 가재도구를 물어뜯거나 심하게 짖거나 하울링 같은 문제 행동을 하는데, 그런 나쁜 습성을 강아지 '분리 불안증'이라고 합니다.

여러분이 집에 있을 때 강아지에게 지나친 관심을 갖고 과도한 애정 표현을 하다가 여러분이 없어지면 굉장히 불안해하며 여러분을 그리워하게 됩니다. 그렇게 여러분이 있을 때에는 많은 관심을 받았으나 부재중일 때에는 불안하고 외로운 상황에 처하게 되면 어떤 강아지는 곧장 '분리 불안증'에 빠져 버립니다. 결국, 여러분이 집에 있을 때에는 자신만만하지만, 여러분이 없어지면 겁나고 불안해져서 패닉 상태가 되는 것입니다.

혼자 남겨진 강아지가 불안에 떠는 것은 여러분이나 강아지에게 좋지 않습니다. 여러분이 집에 있을 때 미리 강아지에게 물기 장난감 놀이나 울타리 적응 교육을 해놓으면 여러분이 부재중이라도 강아지는 얌전히 지낼 수 있습니다. 이와 반대로 여러분이 집에 있을 때 강아지가 여러분 곁을 자유롭게 돌아다니게 하거나 지나친 애정 표현을 하면 분명 강아지는 여러분에게 항상 의존하게 됩니다. 그런 행동이야말로 강아지가 집에서 혼자 있게 되었을 때 불안을 느끼게 하는 가장 큰 이유입니다.

요즈음 강아지들은 항상 가족과 함께 지낼 수가 없습니다. 그렇기 때문에 미리 강아지가 혼자서도 즐겁게 잘 지낼 수 있는 방법을 가르쳐서 강아지가 언제 어떤 상황에서도 자신감을 갖고 자립할 수 있도록 해주어야 합니다. 강아지가 일단 자신감을 갖게 되면 여러분이 집에 있을 때나 없을 때도 혼자서 침착하게 잘 지낼 수 있습니다.

우선, 강아지를 울타리 안에 넣어놓고 여러분과 떨어진 다른 방에서 잘 지낼 수 있는지를 테스트해 보세요. 예를 들면, 여러분이 부엌에서 식사 준비를 하고 있을 때 강아지를 다른 방이나 거실에 설치된 울타리 안에 넣어 두는 것입니다.

이 훈련의 가장 중요한 점은 여러분이 집에 있을 동안에 강아지의 거주 장소를 울타리 안에 확실하게 적응시키는 것입니다. 여러분이 집에 있을 때 강아지에게 울타리 적응 교육을 진행하면 강아지의 행동을 잘 살펴볼 수 있으며, 언제라도 원하는 시간에 강아지가 잘 지내고 있는지를 체크하고 얌전하게 잘 있으면 칭찬해 줄 수 있습니다. 그렇게 교육하면 강아지는 울타리 안에 넣어 놓더라도 반드시 여러분이 없어지는 것이 아니라는 것을 알게 됩니다. 그뿐만 아니라 자신의 놀이 장소에서 특별한 장난감을 가지고 놀 수 있어서 제한된 장소에 있는 것을 즐길 수 있습니다.

강아지를 집에 혼자 두고 나갈 때에는 꼭 안에 사료나 건조 간식을 채워 넣은 물기 장난감을 준비해 주세요. 그래서 혼자 남겨진 강아지가 그 장난감을 깨물거나 굴리면서 보상으로 안에 들어있는 사료나 간식을 꺼내어 먹을 수 있도록 해두세요. 강아지가 물기 장난감을 가지고 즐겁게 놀 수 있게 되면 여러분이 없어지더라도 불안해하지 않을 뿐만 아니라 분리 불안증도 치유될 수 있습니다.

강아지가 혼자 집에 있게 될 경우에 라디오나 텔레비전을 켠 채로 놓아두면 라디오 소리가 밖에서 나는 소음을 막아 줄 것입니다. 또한, 라디오 소리가 나고 있다는 것은 보통 여러분이 집에 있다는 것을 의미한다고 생각하기 때문에 강아지는 안심하게 됩니다.

외출했다가 귀가했을 때는 이렇게 하세요

여러분이 외출했다가 귀가하더라도 강아지가 물기 장난감을 여러분에게 가지고 오기 전까지는 강아지를 칭찬하거나 쓰다듬어 주면 안 됩니다. 강아지가 물기 장난감을 갖고 왔을 때 비어버린 물기 장난감에 사료나 간식을 채워주세요. 분명 강아지는 무척 감격할 것입니다.

대체로 강아지는 낮이나 밤중에는 매우 얕게 잠이 듭니다. 강아지가 주로 활동하는 피크 시간은 해 질 녘이나 동틀 무렵입니다. 따라서 물기 장난감을 깨물거나 꺼내먹는 행동들은 대개 아침, 저녁에 여러분이 강아지를 두고 나간 직후이거나 저녁에 귀가하기 직전에 일어납니다. 그러므로 여러분이 나갈 때와 외출에서 돌아왔을 때에 강아지에게 먹이를 채운 물기 장난감을 주면 강아지는 활동 피크 시간이 되더라도 여러분이 돌아올 것이라고 예측하고 물기 장난감을 갖고 놀면서 조용히 기다려야 한다는 것을 학습합니다.

평일은 외롭고 무서워요!

새로운 집으로 입양된 강아지가 주말에 주인의 관심과 애정을 많이 받는 것은 행복한 일이지만, 그런 다음 월요일 아침이 되면 어른들은 일을 하러 가고, 아이들은 학교에 가 버려서 강아지 혼자 있게 되기 때문에 강아지는 가족을 무척 그리워합니다. 물론 주말에는 강아지와 함께 많이 놀아주고 트레이닝을 해야 합니다. 하지만 지나치게 많이 놀아주기보다는 쓸쓸한 평일을 대비해서 혼자서도 편안하고 조용하게 잘 지내는 방법을 가르쳐 주는 것이 중요합니다.

강아지를 집으로 데리고 온 후 몇 주 동안 강아지에게 먹이를 채운 물기 장난감을 주고 울타리 적응 교육을 하는 것은 강아지가 자신감을 갖고 자립할 수 있게 도와주는 일입니다. 혼자 있더라도 즐겁고 편안하게 물기 장난감을 가지고 놀 수 있게 되었다는 것은 강아지가 가정의 질서와 자신감을 몸에 익혔다는 것이므로 혹시 여러분이 부재중이더라도 불안에 떨게 될 위험이 사라지게 되었다는 것을 의미합니다.

그것은 '분리 안도증'입니다

평소에 여러분에게 지나치게 집착하지도 않고 소심하거나 사회성에도 별문제가 없는 강아지가 여러분이 부재중일 때에 말썽을 일으키거나 집 안을 아수라장으로 만들어 버리는 행동은 분리 불안증과는 아무런 관계가 없습니다. 실제로 그런 상황은 강아지의 '분리 안도증'이라고 말하는 편이 더 정확한 표현일 것입니다. 여러분이 없을 때에만 강아지가 물어뜯거나 짖고 집안 여기저기에 배변하는 것은, 여러분 앞에서 그런 행동을 하면 안 된다는 것을 학습하였기 때문일 것입니다.

견주가 없을 때 강아지가 나쁜 행동을 하는 것은 견주가 평상시에 강아지의 정상적이고 자연스러운 행동을 억압하기 위하여 벌을 주기만 하고, 올바르게 행동하는 방법이나 기본적인 욕구를 표현하는 적합한 방법을 가르쳐 주지 않았기 때문입니다. 어떤 사람들은 자신이 강아지에게 올바른 배변 교육이나 물기 장난감 트레이닝 같은 기본 교육을 해주지도 않고, 주인이 없을 때 강아지가 외부 소리에 짖거나 잘못된 배변 행동을 하는 것을 '분리 불안증'이라고 착각을 하는 경우도 있습니다.

Part 06

사회화
교육

강아지 사회화 교육이란?

'강아지의 사회화'는 강아지가 생활하는 공동 사회에서 무리와 함께 사는데 필요한 적절한 행동 패턴을 배우고 발달시키는 전 과정을 의미합니다. 자신의 무리 안에서 동료들과 종족 간의 상호 관계를 체득하고 그 무리의 일원으로 살아가는 데 필요한 습성과 조건을 몸에 익혀 나아가는 과정입니다. 특히, 인간 사회에서 생활하는 강아지들이 사람들과 더불어 행복하게 살아가기 위해서 꼭 필요한 사회성은 다음과 같이 크게 세 가지로 구분할 수 있습니다.

- 낯선 사람들을 두려워하지 않는 친화적인 사회성
- 다른 강아지들과 잘 지내는 사회성
- 새로운 환경, 사물, 소리, 움직이는 물체 등에 잘 적응하는 사회성

강아지의 사회성은 운명을 결정하는 중요한 요소입니다. 저의 경험과 여러 가지 통계에 의하면 강아지가 성장하면서 발생하는 분리 불안증, 알파 증후군, 사람을 무는 행동, 심하게 짖는 행동, 배변 문제 등 치명적인 여러 가지

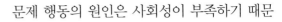

문제 행동의 원인은 사회성이 부족하기 때문입니다. 그뿐만 아니라 사회성이 부족한 강아지는 평생 불안과 공포 속에서 살아야 하고 키우는 사람들도 고통스러워서 결국에는 대부분의 강아지가 사람들과 함께 살 수 없는 불행한 운명을 맞이하게 됩니다. 그래서 여러분이 사랑하는 강아지에게 줄 수 있는 지상 최고의 선물은 바로 '사회화 교육'입니다.

보통 사회화가 잘된 강아지들은 다른 강아지들과 금방 친해지고 잘 어울립니다. 때로는 강아지들끼리 싸움을 하는 경우도 있지만, 강아지들에게는 그러한 일들이 일상적이고 아주 사소한 일에 지나지 않습니다. 일단 싸움이 진정되면 다시 이전처럼 자연스럽게 사회생활이 잘 이루어집니다.

야생 상태의 강아지는 어미나 한배에서 태어난 형제들, 또는 무리의 다른 멤버들과 함께 자랍니다. 그렇게 자란 어린 강아지는 자연스럽게 무리 안에서 사회화가 진행됩니다.

그러나 사람들과 함께 가정이라는 전혀 다른 생활 환경에서 살게 된 강아지는 다른 강아지들뿐만이 아니라 사람과도 사회화가 되어야 할 필요가 있기 때문에 여러분이 사회화 교육을 해주어야 합니다.

대부분의 가정에서는 강아지를 한 마리밖에 기르지 않고, 어린 강아지 시절부터 기르기 시작합니다. 즉 강아지는 어렸을 때부터 한배에서 태어난 형제들과 떨어져서 자라는 것이 일반적이기 때문에 강아지의 사회화에 있어서 결정적으로 중요한 시기에 다른 강아지들로부터 격리됩니다.

그리고 강아지 시기에는 예방 주사도 맞아야 합니다. 예방 주사를 접종하지 않고 공공의 장소로 데리고 가면 전염병으로 인한 불행을 초래할 수도 있기 때문에 강아지의 사회화는 더 이상 앞으로 나아가지 못하고 멈춘 채로 있게 됩니다. 그러면 대부분의 강아지는 바로 다른 강아지들이나 낯선 사람들에 대해서 비사회적이 되거나 반사회적인 강아지가 되어서 겁을 내거나 공격적인 강아지가 되어 버립니다. 일단 그렇게 되어 버린 후에는 다시 사회화 기회를 제공한다고 하더라도 다른 강아지들과 잘 어울리려고 하지 않기 때문에 짖거나 으르렁거리거나 무는 행동 등 여러 가지 방어적이거나 공격적인 행동이 나타납니다. 더구나 사회성이 부족한 강아지가 겁을 내거나 공격적으로 변해 버리면 대부분의 강아지 주인들은 자신의 강아지를 다른 강아지들과 놀게 하고 싶어 하지 않습니다. 그러면 강아지들은 다양한 사회적 환경에 적응하는 능력이나 사회생활에 필요한 사회성을 습득할 수 없게 됩니다.

강아지가 성견이 되면 산책을 하거나 동물병원의 대기실 등에서 어쩔 수 없이 낯선 강아지들과 많이 만나게 될 것입니다. 그럴 때 사회성이 부족한 강아지들은 반드시 짖거나 싸우거나 도망가는 방법으로 반응합니다.

바람직한 '강아지의 사회화'란 강아지가 낯선 사람을 만나도 불안해하지 않고 다른 강아지들을 새로운 친구로 흔쾌히 받아들일 수 있도록 충분한 자신감을 갖게 해주며 새로운 환경이나 사물에 잘 적응할 수 있는 소양을 갖추도록 하는 것입니다.

낯선 사람들과의 사회화 교육

🐾 🐾

강아지가 낯선 사람들과 우호적으로 지낼 수 있도록 가르치는 것은 강아지

양육에 있어서 중요한 일입니다. 강아지를 집으로 데리고 와서 1개월 동안 긴급하게 최우선으로 가르쳐야 하는 중요 과제는 낯선 사람과의 사회화이며, 여러분의 강아지가 생후 3개월이 되기 전에 완전히 낯선 사람들과의 사회화 교육이 완성되어야 합니다.

대부분의 사람은 강아지가 예방 주사를 5차 이상 맞힌 후에 사회화 훈련 교실에 들어가거나 그때가 낯선 사람들과의 사회화를 가르칠 수 있는 최적의 시기와 조건이라고 생각합니다. 그러나 그것은 잘못된 생각입니다. 사회화 훈련 교실 입교만으로 강아지 사회화 교육이 충분하지 않을 뿐만 아니라 5차 예방 접종이 끝나면 이미 소중한 '사회화 교육 시기'가 지나가 버립니다.

강아지 '사회화 훈련 교실'은 즐거운 교육 모임일 뿐이며, 그 목적은 이미 낯선 사람들과의 사회화가 잘된 강아지의 사회성을 지속적으로 유지시키거나 강아지에게 친구들과 놀면서 무는 행동의 억제를 배우도록 하는 것입니다.

이제 여러분의 강아지에게 사회화 교육을 하기 위해서 남겨진 시간은 정말 몇 주밖에 남지 않았습니다. 그뿐만 아니라 여러분의 강아지는 강아지가 걸리기 쉬운 질병에 대한 충분한 면역이 생기기 전까지 집에서만 지내야 합니다. 이 시기는 강아지 성장 발달 단계에서 비교적 짧은 시간이지만 매우 중요하기 때문에 이때에 강아지를 사회로부터 격리시켜 버리면 강아지의 기질이 엉망이 될 수도 있습니다.

강아지의 사회화는 일단 중단하면 훈련 교실이나 애견 파크에 데리고 갈 수 있는 나이가 되더라도 이를 재개해서 회복시키기는 거의 불가능에 가깝습니다. 그래서 사람들과의 사회화는 적기에 꼭 가르쳐서 앞으로 후회할 일을 만들지 않아야 합니다. 왜냐하면, 다른 문제 행동이 있는 강아지와 사는 것은 가능할지 모르겠지만, 사람에게 공격적인 강아지와 함께 산다는 것은 매우 어려운 일이며, 때에 따라서는 위험한 일이 발생할 수도 있기 때문입니다. 더구나 그 강아지가 여러분의 친구나 가족 중의 누군가를 싫어하게 된다면 더욱 그렇습니다.

결론적으로, 빨리 서둘러서 여러분의 강아지를 다양한 사람들과 만나게 해야만 합니다. 가족, 친구, 모르는 사람들, 그리고 특히 낯선 남성이나 어린아이들과 많이 만나게 하는 것이 중요합니다.

강아지가 집에서만 있어야 하는 예방 접종 공백기를 유용하게 활용하기 위해서는 집으로 이웃 사람들을 초대하는 것이 좋습니다. 그래서 여러분의 강아지가 생후 3개월이 될 때까지 적어도 100명 이상의 낯선 사람들과 만날 수 있는 환경을 조성해 주어야 합니다.

가족과 친구들, 혹은 근처의 이웃들을 불러서 '강아지와 함께하는 저녁 파티' 자리를 만들고, 이제껏 자주 만나지 못하던 이웃 사람들과의 관계도 회복해 보도록 하세요. 강아지의 사회화 과정에서 좋은 점은 강아지를 핑계로 여러분의 사교 활동도 더욱 충실해질 수 있다는 점입니다.

🐾 행복한 강아지! 불행한 강아지!

강아지를 입양해서 키우기 시작한 그 날부터 사람들과 사회화 교육을 할 수 있는 시간은 한정되어 있으며, 그 시간은 순식간에 지나가 버립니다. 강아지가 생후 8주가 되면 여러분이 키우는 강아지에게 중요한 사회화 교육 시기는 벌써 끝을 향해 달려가게 되며, 그 후 1개월이 더 지나면 강아지가 낯선 사람들과의 사회화를 익힐 수 있는 가장 중요한 학습 기간도 끝나 버리게 됩니다. 그전에 반드시 가르쳐야 하는 것이 정말 많을 뿐만 아니라 그 대부분은 바로 가르치지 않으면 안 됩니다.

사람들이 강아지에게 원하는 가장 중요한 요소는 좋은 기질입니다. 성격이 좋은 강아지와 함께 지낸다는 것은 꿈같이 즐거운 일이지만, 성격이 좋지 않은 강아지와 다투며 지내는 것은 악몽과도 같습니다. 혈통과는 관계없이 그 강아지의 기질, 그중에서도 낯선 사람이나 다른 동물들에 대한 감정은 기본적으로 강아지의 일생 가운데서도 가장 중요한 유견기의 사회화 교육에 의해서 결정됩니다. 이와 같이 중요한 강아지의 생후 16주까지 사회화 기간을 놓치지 마세요. 바로 이 시기에 강아지의 안정되고 훌륭한 기질이 형성되는 것입니다.

생후 10주 전까지 강아지 관리

강아지에게 여러 가지 전염성 질병에 대한 항체가 형성되기 전에는 질병에 감염된 강아지의 변 냄새를 맡는 것만으로도 여러분의 강아지가 병에 걸릴 수 있습니다. 그러므로 다른 강아지의 배설물이 있는 땅에는 절대로 어린 강아지를 내려놓으면 안 됩니다. 강아지를 차에 태우고 다니는 것은 상관없겠지만, 집에서 차로, 차에서 다시 집으로 이동할 때에는 꼭 강아지를 안고 다니세요. 물론 그러한 주의는 동물병원 수의사에게 데려갈 때도 마찬가지입니다. 동물병원의 현관 앞 지면이나 대합실의 바닥은 가장 오염되어 있을 가능성이 높습니다. 차에서 동물병원까지 강아지를 안고 들어가시고, 대합실에서는 무릎 위에 올려놓으세요. 그보다 더 좋은 방법은 진찰 순번이 올 때까지 강아지를 데리고 차 안에서 기다리는 것입니다.

강아지가 사람을 좋아하도록 가르치세요

강아지를 집에 데려온 이후 한 달 동안은 아무래도 예방 접종 관계상 일시적으로 사회로부터 격리시켜야 할 필요가 있습니다. 그 대신에 안전한 자택에서 가능한 많은 사람과 만나게 해주세요.

강아지에게는 첫인상이 중요하기 때문에 반드시 처음 보는 사람들과 만나는 것을 즐거워할 수 있게 해주어야 합니다. 어떤 손님이건 간에 간식을 손으로 강아지에게 주도록 하세요. 강아지 무렵에 다른 사람들과 지내는 것을 좋아하게 되면 성견이 되더라도 역시 사람들과 지내는 것을 좋아하게 됩니다. 그리고 사람들과 지내는 것을 좋아하게 된 강아지는 낯선 사람을 무서워하거나 물거나 할 가능성이 줄어듭니다.

강아지의 사회화 기간 동안에 매일 다른 사람들을 집으로 초대하도록 하세요. 같은 사람만 반복적으로 만나는 것만으로는 충분하지 않습니다. 적어도 하루에 세 명 이상의 모르는 사람들에게 익숙해질 필요가 있습니다. 그리고 초대받은 손님들이 강아지를 키우고 있는 실내로 들어올 때는 반드시 신발을 벗고 들어오도록 부탁하고 강아지를 만지기 전에 꼭 손을 씻게 하는 등의 기본적인 위생 절차를 지키도록 해야 합니다.

집에 오는 손님 한 분 한 분이 강아지에게 트레이닝 간식을 하나씩 주면 여러분의 강아지는 처음부터 손님들을 좋아하게 될 것입니다. 손님들이 저녁 식사용 사료를 활용하여 미끼 보상 훈련 방식으로 강아지에게 '이리 와', '앉아', '엎드려' 등의 복종 훈련을 하는 것도 좋습니다.

예를 들면 손님이 강아지에게 "이리 와"라고 지시합니다. 강아지가 근처에 다가오면 칭찬을 많이 해주고 사료를 한 개 줍니다. 다음에 '앉아', '엎드려' 같은 동작을 시키고 간식을 한 개씩 줍니다. 그런 일련의 훈련을 몇 번이고 반복합니다.

강아지와 아이들

강아지가 유견기에 아이들과 사회화가 되지 못하면 성견이 되어서도 아이들의 행동이나 장난을 큰 위협으로 느낍니다. 아이들이 강아지를 흥분시키는 경우가 자주 있는데, 잘 사회화된 성견이라고 하더라도 함께 놀면서 아이들이 머리나 귀를 잡아당기는 잡기 놀이를 하게 되면 그런 행동이 강아지에게 두려움을 일으킬 수 있습니다. 또한, 사회화가 되어 있지 않은 강아지는 어린 아이들이 장난으로 꽉 끌어안는 행동만으로도 공포감을 느낍니다. 그래서 강아지와 아이들은 서로가 상대방을 어떻게 대하면 좋을 것인가를 배울 필요가 있으며, 배우는 방법은 아주 간단하면서도 즐거운 일입니다.

아이들이 있는 사람들은 앞으로 몇 개월 동안 강아지와 아이들의 사회화에 관심을 기울여야 하지만, 아이들에게 잘 사회화된 강아지는 일반적으로 상당히 건전한 기질로 잘 발전해가기 때문에 충분히 고생한 보람이 있습니다. 그리고 강아지가 성견이 될 무렵까지 강아지와 아이들의 관계를 가능한 한 바람직하게 만들기 위해서는 여러분이 아이들에게는 강아지를 어떻게 다루어야 하고, 강아지에게는 아이들을 어떻게 대해야 하는지를 가르쳐 주어야 합니다. 물론, 아무리 교육이 잘돼 있다고 하더라도 아이들과 강아지, 또는 아이들과 성견을 함께 둘 때에는 절대 눈을 떼면 안 됩니다.

집에 아이들이 없는 사람들의 경우에는 이웃의 아이들을 집으로 초대해서 강아지와 만나게 해주어야 합니다. 그러나 여러분이 아이들을 교육하는 솜씨가 강아지를 교육하는 솜씨보다 뛰어나지 않다면 처음부터 아이들을 많이 부르지 마세요. 한 명부터 시작합니다. 아이가 한 명뿐이라는 것은 최상의 교육 조건입니다. 물론 두 명 정도라도 별문제는 없습니다. 그러나 아이들 세 명 이상이 강아지와 함께 있으면 바로 위험한 집단으로 발전하게 되며 엄청난 에너지를 발산합니다. 그럴

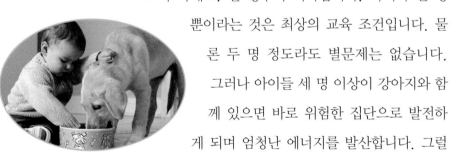

경우에 중요한 교육 목표는 강아지나 아이들에게 얌전하게 잘 지낼 수 있도록 가르치는 것입니다.

처음에는 강아지를 만나면 어떻게 해야 한다는 것을 알고 있는 아이들만 불러 주세요. 물론 그래도 여러분은 아이들로부터 절대 눈을 떼어서는 안 됩니다.

두 번째는, 여러분 친구들의 아이들이나 친척 아이들을 초대하는 것입니다. 그들은 강아지가 성견이 되어서도 정기적으로, 혹은 때때로 만날 가능성이 높은 아이들이기 때문입니다.

강아지는 자신에게 호의를 가지고 있는 아이들에게는 잘 짖지 않습니다. 충분히 시간을 갖고 강아지에게 아이들과 만날 기회를 주고, 서로 좋아할 수 있게 해주세요. 그리고 가끔 아이들을 산책에 함께 데리고 가서 반드시 맛있는 간식을 강아지에게 건네주게 하고, 핸들링이나 훈련을 하면서 아이들에게도 미끼와 보상을 통해서 강아지를 다루는 방법을 가르쳐 주세요. 그렇게 하면 여러분 강아지는 바로 아이들과 아이들이 주는 보상을 매우 좋아하게 될 것입니다. 아이들이 부르면 다가오고 "앉아!" 하고 지시하면 앉는다는 것은 강아지가 자신의 트레이너인 아이들을 기뻐하며 따르고, 경의를 표한다는 의미입니다.

여러분의 강아지가 아직 어릴 때에 작은 소리나 아이들이 돌아다니는 것에 익숙하게 해주고 완전히 적응시키는 것이 정말 중요합니다. 만약 여러분의 강아지가 청년기가 되어서 처음으로 아이들과 만나고, 게다가 아이들이 공원에서 소리를 지르며 뛰어다닌다면 강아지는 어떻게 해서든 아이들을 쫓아가고 싶어 해서 대부분 곤란한 문제가 발생하게 됩니다. 그러나 강아지가 이미 아이들과 노는 것을 경험하였다면, 아이들이나 어른들이 웃거나 소리치고,

뛰어다니거나 스킨십 하는 것에 적응되어 있기 때문에 그런 것들을 대수롭지 않게 생각하고 놀랄 정도로 잘 적응합니다.

강아지가 낯선 사람들을 만나게 해주세요

강아지가 어릴 때는 어떤 낯선 사람이라도 좋아하고 쉽게 친해집니다. 그러나 어려서 낯선 사람을 받아들이는 교육을 받지 못한 청년기의 강아지나 성견의 경우에는 모르는 사람을 만나면 자연스럽게 움츠러듭니다.

생후 3개월이 되기 전에 여러분의 강아지에게 100명 이상의 낯선 사람들과 만나게 해주어야 청년기에 접어들어도 모르는 사람을 받아들이기가 쉬워집니다. 그리고 여러분의 애견이 언제나 낯선 사람들을 친숙하게 받아들이도록 하기 위해서는 지속적으로 낯선 사람과 만나게 해줄 필요가 있습니다.

같은 사람을 반복하여 만나는 것은 강아지의 사회화 교육 발전에 별로 도움이 되지 않습니다. 매일 새로운 사람들과 만나야 할 필요가 있습니다. 그렇기 때문에 애견 카페나 애견 파크를 자주 이용하고 정기적으로 강아지를 산책에 데리고 나가야 합니다.

강아지가 사람들을 만날 때 기본자세는 '앉아'입니다

강아지가 만나는 사람들에게 인사할 때에는 반드시 '앉아' 자세를 취하는 습관을 길러 주세요. 가족이나 손님, 모르는 사람들이 강아지에게 인사하거나 칭찬해 줄 때, 간식을 주기 전에는 반드시 강아지를 앉도록 가르칩니다. 그러면 강아지는 언제나 사람이 다가오게 되면 반사적으로 '앉아' 자세를 취하게 됩니다. 사람에게 인사할 때 '앉아'를 하면 칭찬이나 간식을 받을 수 있다는 것을 알기 때문에 항상 얌전해집니다. 그리고 강아지 입장에서도 '앉아'를 하고 주목하면 사람들에게 예쁨도 받고 간식까지 먹을 수 있기 때문에 날뛰다가 혼나는 것보다 앉아서 기다리는 편이 훨씬 좋다는 것을 알게 됩니다.

강아지의 경고!

여러분의 강아지가 생후 3개월이 지나도록 좀처럼 손님들을 좋아하지 않고, 전혀 가까이 다가가려고 하지 않는다면 즉시 대처해야 합니다. 여러분의 강아지가 소심하고 부끄러움을 많이 타는 '연성의 기질' 때문일 수도 있겠지만, 결국 사회성이 많이 부족하다는 것을 보여주는 것입니다. 생후 3개월이 지난 강아지가 적극적으로 사람들에게 다가가지 않는다는 것은 정말 걱정되는 상황입니다. 그렇다면 여러분은 최소한 1주일 안에 이 문제를 반드시 해결해야 합니다. 그렇게 하지 않으면 이 상황은 점점 더 악화될 것입니다. 만약 그런 상태로 얼마가 지나가 버리면 나중에 사회성 문제를 교정하려고 해도 힘들 뿐만 아니라 그 시기가 늦으면 늦을수록 교정에 대한 효과를 기대하기 어렵습니다.

사회성이 부족한 강아지의 공포심을 무시한 채 '우리 집 강아지는 모르는 사람들에게 적응하는 데 시간이 많이 걸린다'는 등의 생각으로 합리화하면 안됩니다. 어린 강아지 무렵에 낯선 사람들에게 적응시키는 사회화 교육을 하지 않는다면 성견이 되었을 때도 모르는 사람들을 무서워하는 강아지가 되어버리고 말 것입니다. 낯선 사람들이 주위에 있으면 무서워하거나 불안해한다는 것은 강아지에게 너무나도 두렵고 힘든 일이기 때문에 하루빨리 교정을 해주어야 합니다.

이 문제를 해결하는 데 단 1주일 정도밖에 걸리지 않는 아주 간단하고 효과적인 방법이 있습니다. 앞으로 1주일 동안 매일 7명 이상의 다른 사람들을 초대하거나 조용한 시간대에 깨끗하고 잘 관리된 애견 카페를 방문해서 낯선 사람들이 강아지에게 직접 손으로 먹이를 주게 해주세요. 그리고 '사회성 회복 프로그램'을 진행하는 1주일 동안에는 절대로 가족들이 먹이를 주거나 식기에 먹이를 담아 놓아서 강아지가 자유롭게 먹을 수 있게 해서는 안 됩니다. 대신 집에 온 손님이나 애견 카페에서 만난 사람들의 손에 의해서만 강아지가 먹이를 받아먹게만 한다면 이 테크닉은 바로 효과를 발휘할 것입니다.

강아지가 기뻐하며 손님 손에서 먹이를 받아먹게 되면 손님에게 부탁해서 강아지에게 '이리 와', '앉아', '기다려'를 시키도록 하고, 강아지가 손님의 지시를 잘 따라 하면 그때마다 보상으로 맛있는 간식을 한 조각씩 주도록 하세요. 그렇게 하면 그 손님은 바로 강아지가 좋아하는 새로운 친구가 될 것입니다.

강아지를 약 올리거나 거칠게 다루지 마세요

아이들이나 남성들은 가끔 강아지를 약 올리거나 거칠게 다루는 것을 재미있다고 생각하기도 합니다. 물론 어떤 경우에는 사람들이 약 올리거나 거칠게 다루는 것을 강아지가 놀자는 행동으로 받아들이며 즐기는 경우도 있지만, 불쾌하고 두려워하는 경우도 있습니다. 물론 아이들이나 어른들이 나쁜 의도 없이 하는 장난은 강아지도 즐거운 기분으로 할 수 있습니다. 그리고 강아지도 점차 그런 장난이나 이상한 행동들에 적응하고 '둔감화' 되어 감으로써 오히려 자신감을 갖게 될 수도 있습니다. 하지만 지나치게 끈질기고 거친 장난은 강아지에게 불쾌감을 유발하고 마음에 상처를 줄 수도 있습니다. 더구나 나쁜 의도로 하는 장난은 강아지에게는 장난이라고 할 수 없습니다. 그것은 학대입니다.

때로는 강아지에게 자신감을 심어 주기 위해서 가끔은 간식을 보여준 뒤 꽉 껴안아 주거나 괴상한 소리를 내거나 무서운 표정이나 이상한 행동을 보여주고, 각각의 행위가 끝난 뒤에 강아지를 칭찬해 주고 간식을 건네주세요. 강아지가 먹이 보상을 받음으로써 여러분의 무서운 얼굴이나 이상한 행동을 받아들이는 것에 익숙해지면 더욱 자신감을 가질 수 있게 됩니다. 그런 행동을 반복할 때마다 여러분은 좀 더 기묘한 행동을 하고 그 후에는 다시 간식을 건네주세요. 그러는 동안 강아지는 사람들의 어떠한 행위나 동작에도 불안해하지 않고 점점 자신감을 갖게 될 것입니다.

만에 하나 그런 행동을 취한 후에 강아지가 주는 간식을 먹으려고 하지 않는다면 그것은 여러분의 장난이 지나쳤다는 것을 의미합니다. 그럴 경우에는 잠시 장난을 멈추고 강아지가 무서워하지 않을 만한 상황을 만든 후에 강아지가 간식을 5~6조각 먹을 때까지 기다려 주세요.

🐾 강아지의 핸들링과 잰틀링

마음껏 쓰다듬거나 안아줄 수 없는 강아지를 데리고 산다는 것은 사랑하면서도 안아 볼 수 없는 연인과 함께 사는 것과 마찬가지로 슬프고 안타까운 일입니다. 또한 그런 강아지와 함께 살다 보면 위험한 상황이 발생할 가능성도 있습니다. 그런데 그렇게 위험할 수도 있고 다루기 힘든 강아지에 대해 흔히 있을 수 있는 일이라고 가볍게 얘기하는 수의사나 트레이너가 있습니다.

물론, 대부분의 강아지는 낯선 사람들이 자신을 껴안거나 몸 구석구석을 만지고 살펴본다면 대부분 극도의 스트레스를 받습니다. 그 스트레스의 차이는 단지 강아지의 친분 관계에 따른 차이입니다. 일반적으로 상대방이 가족인 경우에는 안기고 핸들링 당한다고 느끼지만, 모르는 사람이 그럴 경우에는 제압당하고 이곳저곳을 조사받는다고 느낍니다.

강아지가 신체의 이곳저곳을 조사받고 있는 동안에 힘을 빼고 얌전하게 있을 수 있다면 수의사나 트레이너는 쉽고 편안한 직업일 것입니다. 하지만 현장에서는 그렇지 않습니다. 겁이 많고 공격적인 성견이나 불안정한 청년기의 강아지를 고정해서 얌전하게 만들거나 때로는 마취를 하고서 정기 건강 검진이나 환부 치료를 해야 하는 경우도 있습니다. 그럴 경우에 제압을 당하게 되는 일련의 과정들이 강아지에게는 필요 이상의 공포로 다가와서 여러 가지 부작용을 유발하게 됩니다.

올바르게 핸들링 교육을 받지 못해서 불안정하거나 공격적인 강아지는 마취의 위험을 감수해야 하며 마취로 얌전해지게 만들기 위해서는 수의사도 많은 시간을 허비해야 하기 때문에 견주도 불필요한 진찰료를 추가로 부담하게 됩니다. 그것은 정말 안타까운 일입니다. 사람이 병원이나 치과, 미용실에 갈 때마다 일일이 마취를 해야 할 필요가 없는 것처럼 여러분이 미리 강아지에게 낯선 사람들과 만나고 핸들링 당하는 것을 기뻐할 수 있도록 가르쳐 주었다면 강아지를 힘들게 마취할 필요가 전혀 없는 것입니다.

강아지는 원래 사회적인 동물입니다. 그런 강아지를 집에 데리고 와서 사람과 함께 지내며 다른 사람과 만나는 것을 즐길 수 있도록 가르치지 않는다는 것은 잔혹한 일입니다. 여러분의 강아지가 성견이 되었을 때 낯선 사람들이 주위에 있으면 경계하고 불안해하거나 다른 사람들이 만지는 것을 무서워한다는 것은 강아지에게 매우 불행한 일입니다.

강아지가 다른 사람의 핸들링을 겨우 참는 정도로는 충분하지 않습니다. 모르는 사람들이 핸들링하더라도 좋아할 수 있도록 가르쳐야 합니다. 모르는 사람이 핸들링하거나 신체의 이곳저곳을 만지는 것을 좋아할 줄 모르는 강아지는 언제 폭발할지 모르는 시한폭탄과 같습니다.

어느 날 처음 본 아이들이 여러분의 강아지를 안고 쓰다듬으려고 하는 순간이 있을 수도 있습니다. 강아지가 그것을 싫어하고 불안해하면 언젠가 사고가 나서 강아지도 여러분도, 아이들도, 모두 심각한 상황에 처하게 됩니다.

어린 강아지를 다른 사람들이 안아주고, 강아지가 자기 신체의 이곳저곳을 만지는 것을 좋아하도록 교육하는 것은 정말 간단하고 즐거운 일입니다. 그러나 청년기의 성견을 아이나 모르는 사람의 핸들링에 적응시키는 일은 시간이 걸릴뿐더러 때로는 위험한 일입니다. 그렇기 때문에 여러분은 강아지 핸들링과 젠틀링 교육에 게으름을 피우지 말고 지금 바로 시작해야 합니다.

부드럽게 안아주기

여러분의 강아지를 누구나 안아주어도 괜찮다는 것은 매우 즐거운 일입니다. 차분한 분위기에서 가족이나 손님들 모두가 강아지를 꼭 안고 함께 있을 수 있다는 것은 매우 행복한 일입니다. 그뿐만 아니라 강아지도 조용하고 차분하게 있을 수 있다면 금상첨화입니다. 혹시 그럴 경우에 강아지가 차분히 있지 않는다면 꼭 끌어안더라도 강아지가 마음으로 이를 즐길 수 있도록 가르쳐야 합니다.

강아지를 생후 3개월 이전에 자주 핸들링해 주면 얌전하게 여러분의 무릎 위에서 곰 인형처럼 힘을 빼고 있을 수 있습니다. 혹시 여러분의 강아지가 태어난 집에서 초기에 핸들링을 받지 못하였더라도 생후 8주 무렵이라면 핸들링 레슨은 간단하게 할 수 있습니다. 그러므로 지금 바로 시작하셔야 합니다. 왜냐하면, 강아지는 어느새 다루기 어려운 청년기 강아지로 성장하고, 그때는 똑같이 간단한 핸들링 레슨이 아닌 전혀 다른 어려운 방법으로 해야 하기 때문입니다. 미리 핸들링 교육을 받지 못한 청년기의 강아지처럼 다루기 어려운 것은 없습니다.

핸들링을 가르치려면 우선 강아지를 끌어안아 무릎에 앉히고, 강아지가 흘러내려 가지 않도록 해둡니다. 그런 다음에 다른 손으로 천천히, 반복적으로 강아지의 머리에서 등까지 쓰다듬어 주면 강아지는 가장 편안한 자세로 얌전해집니다. 강아지가 몸을 비비 꼬거나 뒤틀면 가슴과 귀 부분을 부드럽게 쓰다듬어 주세요. 그리고 강아지가 완전하게 힘을 빼면 강아지를 위로 끌어 올려서 배를 부드럽게 쓰다듬어 주세요. 배를 쓰다듬을 때에는 손바닥으로 원을 그리듯이 쓰다듬어 줍니다.

강아지는 아랫배 양쪽의 오목한 부분을 쓰다듬어 주면 얌전해집니다. 강아지가 얌전하게 있는 동안에 가끔 들어 올려서 잠시 품에 안아 줍니다. 그리고 점점 안아 주는 시간을 늘려 가세요. 잠시 강아지를 누군가 다른 사람에게도 건네주어 보고, 그 사람도 설명한 대로 핸들링 방법을 반복하도록 가르쳐주세요.

꽉 끌어안아 주기

강아지를 안아줄 때 몸부림을 치거나 짜증을 부릴 때에도 절대로 강아지를 놓쳐서는 안 됩니다. 그럴 때 강아지를 놓쳐 버리면 강아지는 짜증을 부리면 주인이 안아주기를 포기한다고 생각하게 되어 얌전히 핸들링을 당하지 않아도 된다는 것을 학습하게 됩니다.

그렇게 되어서는 곤란하겠지요? 그럴 경우에는 양손으로 강아지의 앞 다리 아래 가슴 부분을 잡은 후에 배와 네 다리가 여러분의 몸과는 반대 방향을 향하도록 하고, 강아지의 등을 여러분의 배 쪽으로 잡아당기면서 꽉 끌어안습니다. 그때 여러분 가슴 아래쪽에 강아지의 몸을 붙인 채 두 손으로 강아지를 꽉 끌어안으면 강아지가 발버둥을 치더라도 몸을 뒤틀면서 여러분의 얼굴을 물기가 어려워집니다. 강아지가 몸부림을 치다가 차츰 진정이 될 때까지 그 상태를 유지하고 있어야 합니다. 그러다가 강아지가 얌전해지면 꽉 끌어안은 팔을 느슨하게 풀어 주면서 "옳~지" 하고 부드러운 목소리로 칭찬하면서 손가락으로 강아지의 가슴을 쓰다듬어 줍니다. 그런 과정을 하루에 두세 번씩 반복해서 진행해야 합니다.

　혹시 그렇게 며칠 동안 계속 훈련을 해봐도 강아지가 기뻐하며 얌전하게 안기려 하지 않고 몸부림을 치거나 물려고 한다면 곧장 전문 트레이너에게 방문 훈련 요청을 하세요. 그런 상황은 전문가의 도움이 필요한 긴급 사태입니다. 물론, 여러분도 핸들링이나 안아 주는 것조차 마음대로 할 수 없는 강아지와 살고 싶지는 않겠지요.

만지기와 살펴보기

　생후 8주경의 강아지가 주인이 핸들링하거나 몸을 살펴보는 것을 기뻐하도록 교육하는 것은 정말 간단한 일일 뿐만 아니라 꼭 필요한 일입니다. 또한, 그것이 가능하게 되면 여러분이나 강아지가 편해질 뿐만 아니라 앞으로 수의사나 트레이너들도 여러분에게 고마워할 것입니다. 강아지가 사람들이 핸들링하거나 만지는 것을 무섭다고 느끼게 되면 정말 통제하기 힘든 강아지가 됩니다.

　대부분의 강아지는 신체에 민감한 부분이 많습니다. 유견기에 그런 곳을 만지는 것에 익숙하지 않으면 다른 사람들이 만지는 것 자체에 굉장히 민감하게 반응합니다. 강아지 시기에 귀, 다리, 입, 목 주위, 엉덩이 부분을 만지는 것에 둔감하게 해두지 않으면 성견이 되어서도 그런 부분을 핸들링하거나 만지면 즉시 방어적이나 공격적 반응을 보이기 쉽습니다. 이와 마찬가지로 강아지 때에 직접 눈을 마주치는 아이 콘택트에 적응되어 있지 않으면 강아지는 상대방이 자기 눈을 쳐다본다고 느끼면 공포감을 느껴서 방어적인 반응을 보이기 십상입니다.

강아지의 신체 중에는 누구도 일일이 살펴본 적이 없었기 때문에 점차적으로 과민하게 되어 버리는 부분이 있습니다. 강아지의 엉덩이를 살펴본다든가 입을 벌리고 충치를 살펴보는 견주는 그다지 많지 않습니다. 또한, 태어날 때부터 민감한 부분도 있어서 그런 부분은 강아지라 하더라도 터치 당하게 되면 거부 반응을 보이기 쉽습니다. 한 가지 예를 들면 강아지의 다리나 발가락 끝을 꽉 붙잡는다면 여러분은 아마도 손을 물리게 될 수도 있습니다.

그 밖에도 견주가 잘못하거나 옳지 않은 방법으로 강아지를 핸들링하였을 때 민감하게 반응하는 부분도 있습니다. 늘어진 귀를 가진 강아지들은 귀가 감염되기 쉬워서 자주 살펴야 하는데, 귀를 살피는 것을 아픈 것으로 연관 지어 생각합니다. 그것과 마찬가지로 대부분의 성견은 계속 쳐다보거나 별안간 목 주변을 붙잡히게 되면 무언가 나쁜 일이 일어날 것으로 연상해서 사람의 손을 무서워하게 되는 '손 두려움증'이 생겨버리고 맙니다.

강아지 시기에 몸을 살펴보는 핸들링 교육을 진행하면 강아지가 민감하게 느끼는 부분을 둔감하게 만들어 주며 핸들링 당하는 것을 긍정적으로 받아들이게 됩니다. 간식을 손으로 주는 훈련과 함께 핸들링하면 강아지가 만지는 것을 즐기도록 교육하는 것도 가능해집니다. 실제로 그것은 정말로 간단해서 도대체 왜 핸들링을 싫어하는 성견들이 그렇게 많이 있는지가 이상하게 여겨질 정도입니다.

강아지가 주인이 핸들링하는 것을 즐거워하도록 교육하는 것은 간단합니다. 그날 주어야 할 급여량 중의 일부 사료나 간식을 트레이닝 음식으로 사용합니다.

먼저 강아지의 목 주변을 잡고서 간식을 줍니다. 다음에는 다리를 붙잡고 또 간식을 줍니다. 그리고 강아지의 눈을 계속 쳐다보면서 다시 간식을 줍니다. 한쪽 귀를 살펴보고 다시 간식을 줍니다. 이번에는 다리를 붙잡고 또 간식을 줍니다. 그렇게 강아지의 네 다리를 순차적으로 모두 해봐야 합니다.

다음에는 강아지의 입을 열게 하고 간식을 줍니다. 엉덩이나 생식기를 만져보고 간식을 줍니다. 그런 일련의 작업을 반복해 주세요. 매번 반복할 때마다 점차적으로 각각의 부위를 보다 면밀하고 오랜 시간을 들여 핸들링하면서 살펴보세요.

가족들이 핸들링하거나 이곳저곳을 살펴보는 것에 강아지가 완전히 익숙해지면 앞으로 손님들에게도 '강아지 핸들링'을 부탁해 보세요. 그 과정도 역시 손님이 강아지의 목 주변을 붙잡고 눈을 바라보거나 귀와 다리, 이빨, 엉덩이를 핸들링하거나 살펴보는 것을 차례대로 하면서 매번 간식을 주도록 하는 것입니다.

일상생활 중에 일부러 강아지에게 상처를 입히거나 무섭게 하는 사람은 별로 없습니다만, 불의의 사고가 일어나는 경우는 많습니다. 예를 들어 손님이 모르고 강아지의 다리를 밟거나 견주가 목 주변을 붙잡으려고 하다가 잘못해서 강아지의 발끝을 잡는 경우 같은 것들입니다. 그러나 강아지를 안심하고 핸들링할 수 있게 되면 그런 경우라고 하더라도 강아지가 본능적으로 방어적인 반응을 보여서 물게 될 가능성은 거의 없어집니다.

강아지를 체벌하지 마세요

여러 가지 이유로 강아지가 사람들을 무서워하거나 피하려고 하는 경우가 정말 많이 있습니다. 그중에서도 강아지가 사람을 두려워하는 커다란 두 가지 원인은 사회성 부족과 처벌이 지나칠 경우입니다. 그런 강아지들은 사람들이 자신에게 접근해서 만지거나 쓰다듬으려고 하면 두려워서 문제를 일으킵니다.

자신의 강아지에게 일부러 불쾌한 경험을 주려는 사람은 거의 없겠지만, 유일하게 그렇게 하는 예외적인 경우는 강아지들에게 벌을 줄 때입니다. 물론 강아지가 문제를 일으켜서 벌을 받을 때는 불쾌하게 느껴져야만 벌을 주는 의미가 있겠지요. 하지만 그렇게 불쾌한 경험이 지나치게 빈번하게 일어나고, 너무 과도한 처벌을 하게 되면 오히려 더 어려운 문제를 만들어 버리고 맙니다.

안타깝게도 요즈음에 시대착오적인 트레이너나 그런 사람들이 쓴 책을 본 많은 사람이 강아지에게 정확한 행동이나 지시 내용을 가르쳐 주지도 않고, 잘못된 행동을 했다고 강아지에게 벌주는 것에 열중하는 경우가 있습니다. 그렇게 하기보다는 강아지에게 가정의 규칙을 다시 정확하고 올바르게 가르쳐 주는 편이 훨씬 더 효과적입니다. 즉 강아지에게 무엇을 어떻게 하라고 확실하게 가르쳐 주고, 강아지가 주인의 지시에 따라서 잘하면 칭찬을 해 주는 것입니다. 그렇게 하면 강아지는 자연스레 여러분이 지시하고 원하는 것을 하고 싶어 하게 됩니다.

너무나도 빈번하게 강아지에게 벌을 주거나 엄격한 훈육을 하면 대부분의 강아지는 핸들링이나 훈련하는 것을 싫어하게 됩니다. 혹시 여러분이 강아지를 자주 엄격하게 벌을 주지 않으면 안 된다고 생각하고 있다면 그것은 교육 방침에 문제가 있는 것입니다. 그렇게 하면 강아지는 변함없이 나쁜 짓을 반복하고 또다시 벌을 받게 됩니다. 결국, 여러분의 트레이닝 방법이 완전한 기능을 하지 못하고 있다는 말입니다. 그렇다면 이제 다른 교육 방법으로 바꿔야 할 시기입니다.

강아지가 이제까지 범한 잘못에 대해서 벌을 주기보다는 앞으로는 강아지가 어떻게 행동하면 좋을지를 자세하게 가르치도록 하세요. 여러분이 지시하고 원하는 행동을 하였을 때 강아지에게 칭찬과 보상을 주는 편이 강아지가 여러 가지 잘못된 행동들을 했을 때 벌을 주는 것보다 훨씬 더 효율적입니다.

강아지에게 빈번하게 벌을 주는 것은 뾰족한 물건으로 강아지를 찌르는 것처럼 아프기 때문에 그런 체벌 방식은 점차 강아지와 견주 사이를 벌어지게 만들며 결국에는 신뢰 관계를 무너뜨리고 맙니다. 그러면 리드줄을 매지 않고서는 강아지를 컨트롤할 수 없게 되며 강아지가 좀처럼 여러분 곁으로 오지 않으려고 하기 때문에 결국에는 여러분이 강아지에게 다가가야 할 뿐만 아니라 강아지는 핸들링하는 것을 싫어하고 두려워하게 됩니다. 만약에 여러분이 강아지에게 벌을 주었는데도 계속해서 잘못을 한다면 점점 더 심한 벌을 줄 것이 아니라 벌을 주는 트레이닝 프로그램 자체에 어떤 문제가 있는지 의심해 봐야 합니다.

강아지 교육에 있어서 심한 체벌은 전혀 필요가 없으며 오히려 역효과만 불러일으킵니다. 체벌이 문제를 해결하기보다는 오히려 상태를 악화시키는 꼴이 되어 버립니다. 만약에 엄중한 벌에 의해서 강아지의 잘못된 행동이 없어졌다 하더라도 사람과 강아지의 다정한 관계는 이미 무너지고 만 뒤입니다.

엄중한 벌을 받게 되면 강아지는 날뛰지 않게 될 수는 있겠지만, 동시에 강아지는 여러분을 무서워하게 되며 여러분 근처에 가는 것을 싫어하게 됩니다. 결국, 여러분은 하나의 전투에서는 승리하게 될지 모르겠지만, 전쟁 자체에서는 패배하게 될 것입니다. 여러분이 잘못된 습관을 고칠 수 있을지는 모르겠지만 사랑스럽고 귀여운 친구를 잃어버리게 될 것입니다.

💬 "우리 가족들한테는 너무나 소중한 강아지예요."

🐾 그것참 다행이네요! 강아지를 사회화시키는 중요한 이유 중 하나는 역시 가족들에게 완전히 우호적이고 다정한 강아지로 키우려는 것입니다. 그러나 강아지는 여러분이나 가족뿐만 아니라 친구들이나 이웃들, 손님들이나 모르는 사람들에게도 우호적이라야 하며, 수의사들에게 검사받을 때나 아이들이 만지거나 안으려고 할 때도 두려워하거나 저항하지 않도록 가르치는 것이 중요합니다.

💬 "우리는 대가족이어서 강아지 사회화는 걱정 없어요."

🐾 천만에요! 그것은 잘못된 생각입니다. 성견이 되어서 모르는 사람을 받아들일 수 있게 되기 위해서는 강아지 시기에 적어도 100명 이상의 모르는 사람들과 만나게 해주어야 할 필요가 있습니다. 가족과 같이 동일한 사람들과 많이 만나는 것만으로는 강아지의 사회화를 위해서 많이 부족합니다.

💬 "주변에 우리 강아지의 사회화 교육을 도와줄 친구가 없습니다."

🐾 아닙니다. 그것은 단지 변명일 뿐입니다. 오히려 강아지를 사회화시키기 위해서 노력하게 되면 여러분의 사교 생활에 놀라운 변화가 찾아오게 됩니다. 근처의 사람들을 초대해서 강아지와 만나게 하세요. 회사 동료들도 초대해 보세요. 살고 계시는 지역의 강아지 훈련 교실을 알아보고, 참가하고 있는 강아지의 견주들도 몇 명 초대해보세요. 그런 견주들은 여러분이 직면하고 있는 문제들을 경험상 충분히 인식하고 있으므로 많은 도움이 될 것입니다.

사람들을 집으로 초대해서 강아지와 만나게 하는 것이 아무래도 무리라면 우선 강아지를 강아지 교실같이 안전한 장소로 데리고 가서 사람들과 만나게 해주고, 그다음에는 강아지를 애견 카페나 애견 파크에 데리고 가거나 주변 산책을 나갈 수 있습니다. 그러니까 여러분의 강아지는 지금 많은 사람과 만나야 할 필요가 있다는 것을 잊지 마세요!

💬 "우리 강아지는 다른 사람을 좋아하지 않았으면 좋겠어요."

🐾 그런 말은 하지 마세요.

그럼 여러분이 다니는 병원의 수의사나 아이 친구들의 부모들에게도 그런 말을 하실 수 있나요? 아니면 혹시 정말 자신의 강아지를 본인의 호신용으로 키우고 싶으신 건가요?

사회화가 부족한 강아지에게 누군가를 지키거나 방어하게 하고, 어떻게 지켜야 하는지에 대한 판단을 가르치려는 것은 어리석은 일입니다.

좋은 경호견은 잘 사회화되고, 완전한 자신감으로 언제, 어떻게, 누구를 지켜야 하는지를 확실하게 교육받은 강아지들입니다.

여러분의 명령만으로 짖거나 반응하도록 트레이닝하면 여러분을 지키는 역할은 충분히 수행할 수 있습니다. 강아지에게 특정 상황에서 짖을 수 있도록 가르친다면 더욱 좋겠지요. 예를 들어, 누군가가 여러분 집에 침입하였을 때나 여러분의 차에 손을 댔을 때 말입니다. 상황에 따라서 짖는 방법을 가르치면 정말 유능한 경호견이 될 수도 있습니다.

게임 & 놀이의 규칙

강아지는 유견기에 많은 규칙을 배울수록 안전한 성견으로 성장해 나갑니다. 여러분이 지시해서 강아지를 조용히 시키는 것만 가능해지면 강아지가 평상시에 짖거나 설치는 것은 전혀 문제가 되질 않습니다. 생후 8주경의 강아지라면 짖거나 으르렁거리는 행동을 그만두게 하는 것도 꽤 간단히 해결할 수 있습니다. 여러분이 진정하라고 하면 강아지를 간단히 진정하도록 교육할 수 있습니다.

강아지가 짖을 때 "쉿~!"이라고 말한 뒤 간식을 강아지의 코끝에서 흔들어 보입니다. 조용해지면 "옳지!"라고 말하고 간식을 줍니다. 그러면 강아지는 간식을 먹느라고 조용해집니다. 그런 과정을 반복해서 가르치면 강아지는 언제라도 여러분이 "쉿~!" 하면 조용히 기다리게 됩니다.

이와 마찬가지로 강아지와 잡아당기기 게임을 하면서 강아지가 게임을 주도하게 하지 말고, 어떤 상황에서든지 여러분이 물건을 앞에 놓고 강아지에게 '앉아'를 시키는 것이 가능해지면 문제 해결이 되는 게임입니다. 그리고 이 두 가지는 모두 생후 8주경의 강아지라면 간단하게 가르칠 수 있는 규칙입니다. 잡아당기기 게임을 할 때에는 적어도 1분에 한 번씩 강아지에게 물건을 앞에다 두고 '앉아'를 명령하세요.

여러분이 가끔 잡아당기던 것을 갖고 "놔"라고 말한 뒤, 강아지의 코끝에 간식을 흔들어 보입니다. 강아지가 간식 냄새를 맡으려고 물건을 놓으면 강아지를 칭찬해 주고 '앉아'를 시킵시다. 강아지가 '앉아'를 하면 많이 칭찬해 주고 간식을 준 뒤 다시 게임으로 돌아갑니다.

신호로 짖거나 으르렁거리게 가르치기

강아지는 훈련하면 간단한 명령으로 아주 쉽게 짖거나 으르렁거리게 가르칠 수 있습니다.

도우미에게 도어 벨을 울리도록 해서 강아지가 짖으면 "짖어!" 또는 "조용히!"라고 지시해서 짖게 하거나 조용히 하도록 가르치세요. 그렇게 몇 번 반복해서 실행하면 여러분이 "짖어!"라고 지시하는 것만으로 강아지는 도어 벨이 울릴 것을 예측해서 짖게 됩니다.

이와 마찬가지로 여러분이 강아지에게 명령하면 으르렁거리도록 가르치는 것도 가능합니다. 강아지와 잡아당기기 게임을 할 때 강아지에게 으르렁거리며 있는 힘껏 장난감을 잡아당기게 하고, 이때 강아지가 으르렁거리면 칭찬해줍니다. 이번에는 다시 "쉿~!"이라고 말한 뒤 잡아당기는 것을 멈추고 간식 냄새를 풍깁니다. 이때 강아지가 으르렁거리는 것을 멈추면 부드럽게 칭찬하고 간식을 줍니다. 강아지에게 신호로 짖거나 으르렁거리도록 가르치면 "쉿~!" 하고 조용히 하도록 가르치는 것도 쉽게 할 수 있습니다.

강아지가 흥분해서 정신없을 때나 누군가 현관으로 다가와서 짖을 때에 강아지를 무리하게 조용히 시키려고만 할 것이 아니라 여러분이 상황 판단을 해서 먼저 '짖어!'와 '쉿~!' 연습을 할 수 있습니다.

강아지가 명령을 완벽하게 마스터할 때까지 '짖어!'와 '쉿~!'을 교차 반복해서 연습하도록 하세요. 그러면 강아지는 '짖어!'나 '으르렁거려'의 명령을 따라 할 수 있을 뿐만 아니라 '쉿~!'이라는 명령에는 조용히 하게 될 것입니다.

시끄러운 강아지들은 얌전한 강아지들보다 다른 사람들에게 겁을 주는 경우가 많습니다. 반복적으로 짖는 강아지의 경우 특히 더 그렇습니다. 정성스럽게 '쉿~!'을 가르쳐 주기만 한다면 바로 강아지는 얌전해질 수 있고, 손님이나 아이들도 무서워할 일이 없어집니다.

'쉿~!'이라는 명령은 강아지를 위해서도 반드시 가르쳐야 합니다. 보통 강아지 중에는 흥분하거나 무언가에 열중하거나 심심해지면 아무 때나 짖고 으르렁거리는 경우가 많기 때문에 이 방법을 잘 가르쳐 놓으면 유용하게 활용할 수 있습니다.

🐕 강아지의 소유욕을 컨트롤하는 방법

강아지가 어떠한 물건이나 사람을 지키려고 하는 행동은 가정에서 키우는 강아지들에게서 자주 발생하는 문제로, 여러분이 그대로 방치하면 유견기를 거치면서 더욱 나쁜 방향으로 발전하게 됩니다.

청년기의 강아지는 특정 물건을 보호하려는 소유욕이 점점 강해지는 경향이 있는데도 가족들은 강아지의 그런 습성을 모른 채 지나가 버리는 경우가 있습니다. 더구나 강아지가 어떤 물건을 지키려 하는 것을 재미있거나 기특하다고 생각하는 사람들도 있습니다. 물론 강아지가 자신의 물건을 지키려 하는 것은 자연스러운 일입니다. 야생에서 개들은 자신의 먹이를 지키기 위해서 싸움을 합니다. 마찬가지로 가정에서 키우는 강아지들도 자신의 소유물이 없어지면 다시는 가질 수 없다고 생각하기 때문에 자신의 물건을 지키려 하는 것은 놀라운 일이 아닙니다.

대체로 동물들은 수컷보다 암컷이 물건을 지키려고 하는 습성이 더 강합니다. 그래서 집에서 키우는 강아지도 서열이 높은 암컷이 수컷보다도 더 많은 소유물을 갖는 것을 자주 볼 수 있습니다. 일반적으로 암컷들은 '그 물건은 내 거야'라는 생각으로 지키는 반면 수컷들의 경우 중간 정도의 서열 계층에 있는 자존감이 없는 강아지들이 자신의 존재를 과시하기 위해서 물건을 지키려는 모습을 보이기도 합니다. 그렇지만 무리 중에서 최고 서열에 있는 수컷 강아지는 자신의 지위에 자신감이 있어서 통상 뼈나 장난감, 먹이를 자신보다 하위에 있는 강아지들과 아무렇지도 않게 공유합니다.

강아지교육노트

여러분이 강아지에게서 식기나 장난감을 뺏었다가 돌려주지 않는 경우가 생긴다면 강아지는 물건을 뺏기면 다시는 자신에게 돌아오지 않을 것이라고 학습해서 더욱 지키려는 행동을 하게 될 것입니다. 그렇게 되면 당연히 강아지는 여러분으로부터 자신의 물건을 지키려고 물건을 물고 도망가서 숨거나 물건을 턱으로 꽉 누르고 있거나 으르렁거리며 이빨을 드러내고 무는 행동을 하게 될지도 모릅니다.

강아지가 어떤 물건을 지키려고 할 때 여러분이 어떻게 대처하면 좋을지 모르겠다면 바로 훈련사에게 도움을 요청하세요. 그런 문제는 바로 해결이 어려우며 그런 강아지가 성견이 되면 언젠가 여러분이 자신의 물건을 뺏어가는 행동에 반응해서 방어적이나 공격적으로 행동할 수도 있습니다.

강아지 시기에 소유물을 지키려고 하는 행동을 예방하는 것은 정말 간단하면서도 안전합니다. 그렇지만 성견이 자신의 중요한 물건을 지키려고 하는 행동을 교정하는 것은 어려울 뿐만 아니라 시간도 많이 걸리고 위험한 일이기 때문에 경험이 풍부한 훈련사의 도움이 반드시 필요합니다.

먼저, 여러분의 강아지에게 앞에서 가르쳐드린 물기 장난감으로 무는 버릇을 확실히 교육해 주세요. 강아지가 언제나 물기 장난감만 가지고 놀고 싶어 하도록 가르치면 부적절한 물건을 물고 있어서 여러분이 그것을 빼앗을 일도 없어질 것입니다. 그리고 여러분이 "놔!" 하고 요구하면 강아지가 스스로 물기 장난감을 내려놓도록 가르쳐야 합니다. 그렇게 하려면 먼저 강아지에게 자신이 물건을 내려놓더라도 그것이 영원히 없어지는 것이 아니라는 것을 가르쳐야 합니다. 강아지가 개껌, 장난감, 화장지 등을 내려놓으면 그 대신에 더 좋은 무엇인가를 받게 된다는 것과 주인의 지시대로 내려놓으면 칭찬받으며 간식을 받은 다음에 다시 그 물건을 돌려받을 수 있다는 것을 학습시켜야 합니다.

강아지에게 중요한 것을 간식과 바꾸세요

처음에는 둥글게 만 신문지나 터그 놀이를 하는 로프처럼 여러분과 강아지가 서로 잡아당길 수 있는 물건을 준비합니다. 잡아당기기 게임에서는 서로 간의 밀고 당기는 것이 매우 중요합니다. 여러분이 계속 물건을 잡아당겨서 가져간다면 강아지가 그것을 계속 잡아당기거나 지키려고 할 가능성은 낮아집니다. 그렇지만 서로 잡아당기다가 여러분이 가끔 손을 놓아 버리면 강아지는 그 물건이 자기 것이라고 생각해서 지키려고 할 가능성이 높아집니다.

먼저 강아지에게 '놔!', '물어!'를 가르칩니다. 처음에는 강아지의 콧등 앞에서 유혹하듯이 그 물건을 흔들어 보이면서 "물어!" 하고 지시합니다. 그래서 강아지가 물고 당기면 칭찬해 줍니다. 그러나 아직 잡고 있는 물건을 놔주면 안 됩니다. 그러다가 다른 손으로 맛있는 간식을 강아지의 코끝에 대고 흔들면서 "놔" 하고 지시하면 간식에 홀린 강아지가 입을 벌릴 때 물건을 회수하고 바로 "옳지!" 하고 칭찬하면서 간식을 줍니다. 그리고 강아지에게 다시 "물어"라고 지시해서 물건을 물면 동일한 순서로 반복해서 진행합니다. 강아지가 5회 연속으로 명령에 따라 빠르게 물건을 놓는다면 여러분은 가끔 그 물건을 손에서 놓아 주어도 상관이 없습니다. 그다음에는 좀 더 작은 물건, 예를 들면 로프로 연결되어 있지 않은 테니스공, 비스킷 볼, 개껌 등의 장난감을 사용해서 연습하세요.

강아지에게 무엇을 "가지고 와"라는 교육을 해놓으면 정말 재미있고 편리합니다. 잃어버린 열쇠를 찾아오게 한다든가 슬리퍼를 가지고 오게 한다든가 강아지의 장난감을 정리하게 할 수도 있습니다. 여러분이 강아지가 좋아하는 공이나 인형을 던진 다음에 "가지고 와"라는 지시를 해서 지시대로 물고 오면 "옳지!" 하고 칭찬하면서 간식을 주면 강아지는 이 놀이를 정말 좋아하게 되고, 기꺼이 지시하는 물건을 주인에게 갖다 줍니다. 이제 강아지는 그런 행동을 훌륭한 거래라고 생각하게 됩니다.

강아지가 일시적으로 자기가 물어온 장난감과 간식을 교환하고 간식을 맛있게 먹고 있는 동안에 여러분은 가만히 그 장난감을 갖고 있습니다. 그러고 나서 다시 장난감을 강아지에게 돌려주어야 합니다. 그러면 강아지는 물건을 갖다 주는 것이 정말 즐거워져서 때로는 시키지 않아도 물건을 가져와서 주인에게 받아달라고 오히려 귀찮게 할 정도가 됩니다. 그렇게 강아지가 필요 없는 물건을 너무 많이 가지고 오면 강아지에게 "저쪽 바구니에 넣어 놓아라!"라고 지시하면 됩니다. 그런 방법은 강아지에게 자신의 장난감을 정리하는 방법을 가르치는 데 효과적입니다.

강아지에게 '가지고 와'를 가르치면 장난감 같은 물건이 주인에게 칭찬받는 말과 보상으로 교환이 가능하다는 것을 학습하게 됩니다. 그렇기 때문에 강아지와 '가지고 오기 놀이'를 하면 트레이닝용 미끼나 보상 교육의 효과를 더욱 높이게 되며, 강아지가 심심해할 때나 부적절한 물건을 물고 있을 때 강아지에게 자신의 장난감을 찾아오게 하면서 즐겁게 놀 수도 있습니다.

올바른 식사 매너 가르치기

우리나라 옛날 속담 중에 "먹을 때는 개도 안 건드린다."라는 말이 있습니다. 강아지가 무언가를 먹고 있는 동안에 근처에 다가가면 물릴 수도 있다는 경고의 의미겠지요? 물론, 확실히 신뢰할 수 없는 성견이 혼자서 식사 중에 있다면 그렇게 하는 것이 이치에 맞는 조언일지도 모르겠습니다만, 훈련을 잘 받은 강아지를 혼자서 밥을 먹게 해야 한다는 것이 옳다고 말할 수는 없습니다.

　강아지가 혼자서 밥을 먹는 것에 익숙하게 자란다면 성견이 되어서도 식사 시간에 방해받는 것을 싫어하는 경우가 많습니다. 누군가가 그런 강아지가 밥을 먹고 있을 때 방해하면 그 강아지는 으르렁거릴 것이고, 이빨을 드러내고 물려고 하며, 어쩌면 날뛰다가 실제 물어 버릴지도 모릅니다.

　어떤 강아지는 자신의 먹이를 지키기 위해서 반응을 보이기도 합니다. 그럴 경우에는 우선 강아지가 음식을 먹는 동안에는 방해하지 말라고 주변 사람들에게 얘기해 주어야 합니다. 그러고 나서 여러분은 식기 근처로 사람이 다가오더라도 참을 수 있고 식사 중에 누가 다가오더라도 오히려 그것을 반길 수 있도록 강아지를 가르쳐야 합니다. 그렇게 하려면 우선 강아지가 사료를 먹고 있는 동안에 여러분이 줄곧 강아지의 식기를 붙잡고 계세요. 그리고 가끔 맛있는 간식을 식기에 넣어 주고 강아지를 쓰다듬어 주세요. 그렇게 하면 강아지는 오히려 사람이 옆에 있는 편이 더 즐거운 식사 시간이 된다는 것을 학습하게 됩니다. 그리고 식기에서 음식을 먹는 동안에 강아지에게 손으로 맛있는 간식을 주고, 강아지가 간식을 즐겁게 받아먹고 있는 순간 잠시 강아지 밥그릇을 치워봅니다. 그렇게 하면 강아지는 여러분이 식기를 가져가면 맛있는 간식을 받아먹을 수 있을 것이라고 생각하여 오히려 여러분이 식기를 가져가기를 은근히 기대하게 될 것입니다.

　이번에는 강아지가 식기에서 음식을 먹고 있을 때 여러분이 슬쩍 손을 식기에 집어넣으면서 맛있는 간식 하나를 넣어 줍니다. 그리고 강아지가 여러분이 준 맛있는 간식을 먹고 나서 원래 음식을 다시 먹기 시작하면 다시 손으로 식기 안에다 간식을 하나 더 넣어줍니다. 그렇게 몇 번을 반복합니다. 그러면 강아지는 갑자기 사람 손이 자신의 식기 안으로 들어왔다 나가면 맛있는 간식이 생긴다고 생각하게 되어 그렇게 해주기를 기대합니다.

다음에는 강아지가 음식을 먹고 있는 동안에 여러분은 옆에 앉아 있고 가족들이나 친구들에게 강아지 근처를 서성이도록 하세요. 그러다가 그중 한 사람이 근처로 다가올 때마다 여러분이 간식을 강아지 식기 속에 슬쩍 놓아 줍시다. 그러면 강아지는 사람이 근처에 다가오는 것과 맛있는 간식이 생긴다는 것을 연관 지어 생각하게 됩니다. 그리고 가끔 다른 가족들이나 친구들이 강아지에게 가까이 다가가서 간식을 식기에 던져 주게 합니다. 그러면 강아지는 저녁 식사 시간에 주변에 사람이 많이 있는 것도, 사람들이 다가오는 것도 항상 즐거운 마음으로 받아들이게 됩니다.

침착하고 얌전하게 가르치기

강아지 식사 시간이 되면 적정량의 사료를 준비한 후에 아무것도 없는 빈 식기를 앞에 내려놓습니다. 그런 다음에 "조이야 밥 먹자!" 하고 강아지를 부릅니다. 강아지가 좋다고 흥분해서 다가오면 우선 식기 앞에서 '앉아'와 '기다려'를 시킵니다. 그런 다음에 준비해놓은 강아지 사료 중에 몇 알만 강아지 식기에 넣어 줍니다. 그러면 강아지는 식기에 기대하던 음식이 단 몇 알밖에 들어 있지 않기 때문에 믿을 수 없다는 얼굴로 식기를 바라볼 것입니다. 그리고 식기와 여러분의 얼굴을 몇 번이고 교대로 쳐다보면서 단 몇 알의 사료를 급히 먹고는 빈 식기의 냄새를 열심히 맡을 것입니다. 그래도 여러분은 서두르지 말고 강아지가 더 먹고 싶어서 애원할 때까지 기다립니다. 그리고 다시 강아지에게 "앉아", "기다려" 하고 지시한 다음에 다시 사료 몇 알을 넣어 줍니다.

그런 과정을 반복해서 진행하면 강아지의 태도는 점점 얌전해지며 기다리는 태도가 좋아질 것입니다. 그뿐만 아니라 그렇게 저녁 식사를 여러 번으로 나누어서 주면 강아지는 언제라도 여러분이 부르면 기꺼이 다가와서 침착하게 앉아있는 자세로 기다리게 될 것입니다.

다른 강아지들과의 사회화 교육

🐾 🐾

강아지는 신체적인 건강과 정신적인 건강의 밸런스를 동시에 고려해서 기르지 않으면 안 됩니다. 신체적인 건강 유지를 위해서는 예방 접종을 두세 번 맞히기 전에 강아지를 공공장소로 데리고 나가거나 다른 강아지들과 접촉해서는 안 됩니다. 한편, 정신적인 건강을 위해서는 강아지의 '사회화 교육 시기'가 끝나기 전에 다른 강아지들이나 낯선 사람들과 접촉할 기회를 충분히 제공해 주어야 합니다. 물론, 강아지 주인의 입장에서는 강아지의 신체적인 건강을 최우선으로 생각하는 것이 당연한 일입니다. 그렇지만 정신적 건강에 필수적인 강아지의 사회화 교육도 절박하고 중요한 문제라는 것을 충분히 인식하고 대처해야만 합니다.

강아지를 집에서 데리고 있는 기간에도 강아지의 사회화를 조금씩 촉진할 수 있습니다. 하지만 집 안에서 강아지를 데리고 있으면서 기본적인 사회화 교육을 했더라도 강아지가 예방 주사를 세 번 이상 맞아서 어느 정도 면역력을 갖는 시기가 되면 즉시 밖으로 데리고 나가서 '집중 사회화 교육 프로그램'을 시작해야 합니다. 그러면 아주 겁쟁이 기질을 타고난 강아지라도 며칠 또는 몇 주일이 지나기 전에 다른 강아지들과 놀기 시작할 것입니다. 그러면 한 주에 1~2회 정도 강아지를 놀이 친구인 다른 강아지들과 만나게 해주기만 하면 됩니다.

강아지를 밖으로 데리고 나가도 되는 시기가
되면 자주 산책을 시켜 주어야 합니다. 그
렇게 하면 강아지는 주변의 많은 강아지와
만나면서 스스로 사회화를 촉진할 수 있습
니다.

다른 강아지들에 대한 사회화 교육 과정은 지극
히 간단합니다. 다른 강아지들이나 성견들과 함께 놀 수 있는 애견 카페나 애
견 공원에 데리고 가서 풀어놓아 주는 것이 가장 좋은 방법입니다. 그럴 경우
에 효과적인 사회화 교육을 위해서는 가능하면 강아지 주인은 강아지들의 놀
이에 개입하지 않아야 합니다. 즉 자주 강아지를 데리고 산책가서 주변의 친
구들과 만나게 해주고, 정기적으로 애견 카페나 애견 파크에 데리고 가기만
하면 된다는 말입니다.

🐾 사회화 교육을 하는 적절한 시기는?

강아지 시기에는 모든 것이 새로운 경험이고, 그런 경험들이 장래의 개성
이나 기질의 형성에 가장 큰 영향을 미칩니다. 강아지들의 정상적인 사회성
발달에는 초기 체험이 결정적으로 중요하기 때문에 사회화 교육은 아직 호기
심이 많고 두려움이 없는 어린 시절에 가르치는 것이 가장 효과적입니다. 그
래서 사회성을 키워주기에 적합한 생후 4개월까지를 특별히 '강아지의 사회
화기'라고 부르는 것입니다.

강아지가 생후 4개월이 지나기 전에 사회화 교육을 꼭 가르쳐야 하는 특별
한 이유가 몇 가지 더 있습니다.

첫 번째 이유는 어린 강아지는 호기심이 많고, 대체로 겁이 없기 때문에

사회화를 익히기에 아주 쉽습니다.

두 번째 이유는 아직 성체와 같은 성호르몬 분비가 시작되기 전이라서 다른 개들로부터 경계나 공격을 받지 않고 오히려 보호를 받을 수 있는데, 그것을 소위 '강아지의 특권'이라고 합니다.

반면에, 강아지들의 '사회화 시기'가 지나가 버리면 호기심은 줄어들고 두려움이 증가해서 다른 강아지들과 접촉을 꺼리게 될 뿐만 아니라, 설사 용기를 내어 접근한다고 하더라도 이미 성호르몬 분비가 시작되어 '강아지의 특권'이 사라져 버리기 때문에 다른 개들이 방어적이거나 공격적으로 대할 수 있습니다. 그래서 사회화 과정이 점점 더 어려워지는 것입니다.

'강아지의 사회화 기간' 동안에 다른 강아지들과의 사회화 교육을 하는 데는 그렇게 많은 노력이 필요하지 않습니다. 예를 들면, 생후 두 달 정도의 강아지는 단 며칠이면 사회화가 되고, 생후 석 달 정도 된 강아지도 일주일 정도면 사회화가 완성됩니다. 그렇지만 사회성이 부족한 상태로 생후 5개월이 지나면 사회성을 회복시키는 데 몇 주가 필요합니다. 물론 강아지의 상태나 기질에 따라서 약간의 차이가 나겠지만, 생후 8개월이 지나버린 강아지의 사회성을 회복하려면 짧게는 몇 개월에서 몇 년이 걸릴 수도 있고, 평생 노력을 해도 회복이 안 되는 경우도 있습니다.

보통 여러분들이 가정에서 키우는 강아지들은 예방 접종을 3번 맞히고 나면 생후 2개월 반~3개월 정도가 되는데, 강아지가 건강상의 특별한 문제가 없다면 그때부터 다른 강아지들과의 사회화 교육을 시작해야 합니다. 아무리 늦어도 생후 3개월이 지나기 전에는 반드시 훈련 교실이나 애견 카페, 애견 파크에 데리고 가서 많은 강아지나 낯선 사람을 만날 수 있도록 해야만 합니다.

물론 일부 대형 견종들은 사회성이 천천히 발달하기 때문에 아직 문제가 나타나지 않았다면 생후 4개월경에 훈련 교실에 보낸다 하더라도 그리 늦은 편은 아닙니다만, 강아지의 크기나 성장의 속도와는 관계없이 정상적인 교육 과정인 훈련 교실을 최대한 활용하기 위해서는 생후 3개월경이 되면 사회화 교육 훈련에 참가하는 것이 좋습니다.

> "자주 다니는 병원의 수의사에게서 예방 주사를 5차까지 맞히기 전에는 전염병 감염 위험이 있으니까 강아지를 데리고 외출을 삼가라는 말을 들었습니다."

그런 말을 한 수의사가 걱정하고 있는 것은 강아지의 신체적 건강입니다. 물론 강아지에게 발생하는 강아지 파보 바이러스 장염이나 디스템퍼 등 심각한 전염병은 어린 강아지들에게는 큰 문제이며, 확실한 면역력을 갖기 위해서는 일련의 예방 접종을 받고 조심할 필요가 있습니다.

사실 수의학적 입장에서 보면 생후 3개월경의 강아지는 70~75% 정도 면역력만 가지고 있기 때문에 아직 감염의 위험성이 있다는 것도 역시 일리 있는 말입니다. 하지만 그것은 단지 강아지의 신체적 건강만을 고려한 것이며 중요한 정신적인 건강이나 행동적 건강은 고려하지 않은 것입니다. 실제로 수의사의 조언대로 강아지가 정상적으로 5차 예방 접종을 마치게 되면 이미 소중한 '강아지 사회화 기간'이 거의 다 지나가 버립니다.

그래서 요즈음 애견 선진국에서는 강아지 사회화의 중요성을 인식해서 대부분의 저명한 수의사들도 예방 주사를 두세 번 이상 접종한 후에는 적극적으로 사회화 교육을 진행하도록 권하는 것이 새로운 경향입니다.

강아지가 전염병에 감염될 가능성은 강아지의 면역력과 주변 환경이 얼마나 감염 위험성이 있는지에 달려 있습니다. 그런 환경은 강아지에게 비교적 안전한 곳에서부터 상당히 위험한 곳까지 다양하게 존재합니다. 예방 주사를 아무리 여러 번 맞더라도 질병에 대하여 100% 면역력을 갖은 동물 따위는 세상에 존재하지 않을뿐더러 100% 안전한 환경도 있을 수 없습니다.

만약 오로지 강아지의 신체적 건강만 걱정한다면 예방 접종을 5차 이상 맞히고 적어도 생후 5~6개월경이 될 때까지는 감염의 위험이 있는 장소에는 다가가지 않는 것이 조금 더 안전할 수는 있겠지요. 그러나 적절한 시기에 다른 강아지나 낯선 사람들과 사회화가 되지 않고, 물기 억제 교육을 배우지 못한 강아지가 평생 두려움과 공포 속에서 생활하면서 여러 가지 문제 행동을 일으키는 강아지로 성장하면 강아지의 운명은 불행하게 될 것입니다. 다시 말해서 생후 4개월 이전에 완성되어야 하는 '사회화 교육'이나 '물기 억제 교육'을 통해 발전시키는 정신적 건강이 신체적 건강 못지않게 중요하다는 것입니다.

애견 선진국인 미국에서조차 매년 예방 주사 미비로 강아지 파보 바이러스나 홍역 같은 전염성 질병으로 죽는 강아지는 연평균 수십 마리 정도에 불과하지만, 사회화 교육이나 물기 억제 교육을 받지 않아서 발생하는 문제 행동이나 기질 문제로 인하여 안락사당하는 강아지는 수십만 마리나 됩니다.

실제로 선진국에서조차도 생후 한 살이 되기 전에 강아지가 죽게 되는 가장 큰 원인은 사회성 부족으로 인해서 발생하는 문제 행동 때문입니다. 그러므로 성장 중인 강아지의 전염병을 방지하기 위해서는 신체적 예방 접종이 필요하듯이, 나쁜 문제 행동이나 기질 문제가 발생하는 것을 예방하기 위해서는 '사회화 교육'이나 '물기 억제 교육' 같은 정신적인 '예방 교육'이 꼭 필요합니다.

강아지가 성장함에 따라서 면역력도 점점 강해집니다. 강아지가 아주 어렸을 때는 가능하면 자택 등 안전한 환경에서 지내야 하지만, 어느 정도 큰 다음에는 애견 카페나 훈련 교실과 같이 완벽하지는 않지만 어느 정도 안전하다고 여겨지는 장소에 데리고 가는 것을 권하고 싶습니다. 또한 청년기가 되어 충분한 면역력이 생겼다면 산책이나 애견 파크, 동물병원의 대합실, 주차장 등의 위험한 지대에 빈번히 데리고 가서도 괜찮습니다. 하지만 어린 강아지를 데리고 동물병원에 갈 때는 꼭 안고 다니세요. 면역이 불완전한 강아지들에게 있어서 애견 카페나 애견 파크보다 더 위험한 장소는 아마도 동물병원의 대기실이나 주차장일 것입니다. 물론 동물병원의 진찰대는 강아지들이 한 마리씩 진찰받을 때마다 살균을 하지만, 대기실 바닥을 소독하는 것은 보통 하루에 한 번뿐일 것입니다. 더구나 주차장을 소독하는 일은 거의 없습니다.

동물병원에 내원하는 강아지들 중에는 주차장에 배설을 하거나 가끔은 대기실에서도 배설하는 경우가 있습니다. 강아지의 소변에는 렙토스피라 균이나 홍역 바이러스가 기생하고 있을 가능성이 있으며, 대변에는 파보 바이러스, 코로나 바이러스 등 다양한 장내 기생충이 기생하고 있을지도 모릅니다. 동물병원 대기실에서는 강아지를 무릎 위에 올려놓고 계세요. 그리고 가능하면 강아지와 함께 자동차 안에서 기다리다 자신의 순서가 오면 바로 진찰실까지 안고 들어가도록 하세요.

🐶 강아지 놀이 교실이나 애견 카페를 활용하는 방법

강아지 주인은 리드줄을 매지 않고 진행하는 '강아지 사회화 교실'에 참여

하거나 동네에 있는 애견 카페에 강아지를 데리고 가서 직접 강아지의 놀이 친구를 주선해 줄 수 있습니다. 혹은 인터넷이나 동호회 카페를 찾아보면 비슷한 나이의 강아지를 기르는 친구들을 찾는 것도 어렵지 않을 것입니다.

강아지의 놀이 그룹은 3마리에서 8마리 정도가 가장 이상적입니다. 물론 두 마리만으로도 그룹을 만들 수는 있습니다. 하지만 두 마리일 경우에 한 마리가 수줍음을 타거나 반대로 기질이 너무 강하면 문제가 될 수도 있기 때문에 적어도 3~4마리가 있는 그룹이라면 틀림없이 즐거운 놀이 교실이 이루어질 것입니다. 하지만 8마리 이상이 되면 놀이 교실을 조절하기가 어려워질 수도 있습니다.

놀이 그룹이 만들어지면 강아지 주인은 단지 앉아서 지켜보기만 하면 됩니다. 이때 강아지 주인에게 꼭 필요한 중요한 마음가짐이 두 가지 있습니다.

하나는 강아지를 무리하게 사회화시키려고 하지 않을 것, 또 다른 하나는 무의식적으로라도 강아지에게 바람직하지 않은 행동을 강화하지 않도록 주의하는 것입니다.

실제로 강아지 주인은 자신의 강아지가 다른 강아지들과의 사회화 교육을 진행하는 동안에는 가능한 한 간섭을 해서는 안 됩니다. 강아지를 만지거나 말을 걸거나 불안한 눈으로 응시해서도 안 됩니다. 다만, 어떤 강아지라도 자신이 있는 곳으로 처음 다가왔을 때는 쓰다듬어 주는 것이 좋습니다. 그러면 주인들의 눈앞에서 강아지들은 점점 사회화가 되어 갑니다.

놀이 교실에 몇 번 참가하는 것만으로도 수줍어하던 강아지에게 자신감이 생기고, 기질이 강하고 난폭한 강아지는 상당히 부드러워집니다. 혹시 강아지가 겁을 먹고 주인 옆에만 숨어 있으려고 한다면 주인은 일어나서 실내의 중앙 쪽으로 천천히 걸어 다니는 것이 좋습니다.

강아지는 마음이 내킬 때까지 거기에 머물러 있어도 되고, 주인과 함께 방의 중앙으로 따라가도 됩니다. 강아지가 처음에는 숨어있는 장소에서 밖을 기웃거리겠지만, 언젠가는 거기에서 머리를 내밀고 밖을 내다볼 용기가 생길 것입니다. 나머지의 강아지들도 결국은 비슷한 행동을 합니다.

부근을 탐색하고 있던 강아지는 다른 강아지에게 접근해야 할지 말지 망설이는 모습을 보일 것입니다. 그러다가 장난치는 강아지들의 무리 속으로 흥분해서 돌진하는가 하면 재빨리 다시 숨었던 장소로 되돌아가 버리기도 합니다. 그래도 아무런 불안한 일이 일어나지 않는다면 강아지가 숨는 시간은 점점 짧아지게 되고, 다음번 접근 때는 조금 더 대담해지면서 나와 있는 시간도 길어집니다. 반면에 다른 강아지들에게 돌진을 당하거나 협박을 받게 되면 뛰어 달아나서 다시 용기가 생길 때까지 한동안 숨어 있기도 합니다. 강아지의 놀이 그룹을 활용하면 다른 강아지들이나 낯선 사람들에 대한 사회화를 촉진하는 것 외에도 많은 장점이 있습니다.

🐾 강아지 유치원 & 훈련 교실

강아지가 생후 3개월경이 되면 다른 강아지들에 대한 사회화와 자신감을 몸에 새기게 해주는 것이 긴급 과제입니다. 그리고 아무리 늦어도 '강아지의 사회화 시기'인 생후 4개월까지는 강아지의 사회화가 확실하게 완성되어야 합니다. 생후 4개월까지는 강아지의 성장 발달에서 가장 중요한 유견기이며, 이 시기가 지나면 강아지는 청년기를 맞이하게 됩니다.

강아지가 성장하는 과정에서 어떤 변화는 하룻밤 사이에 일어나는 경우도 있습니다. 강아지가 청년기에 들어서기 전에 반드시 유치원이나 훈련 교실에 데려가 주세요. 유견기에서 청년기로 넘어가는 이 시기에 올바른 성장 발달을 위하여 전문 훈련사의 지도와 교육을 받는 것은 아무리 강조해도 지나치지 않을 만큼 중요합니다.

강아지는 아무런 위협도 느껴지지 않는 잘 관리된 훈련 교실의 환경 속에서 다른 강아지들과 놀며 사회화의 매너를 익힐 수 있습니다. 부끄러움이 많은 강아지나 무서움을 많이 타는 강아지들도 점점 자신감을 갖게 되며, 다른 강아지를 괴롭히기 좋아하는 강아지들도 스스로 힘을 억제하며 다른 강아지들을 부드럽게 대하는 방법을 배우게 됩니다.

강아지들끼리 노는 것만큼 중요한 공부는 없습니다. 강아지에게 놀이는 사회의 에티켓을 배우기 위해서 반드시 필요한 것으로, 그것만 경험하게 되면 성견이 되어서도 다른 강아지들을 만날 때 싸우거나 도망치는 것보다 노는 것을 훨씬 더 좋아하게 됩니다. 일반적으로 강아지 시절에 충분히 사회화가 되어있지 않으면, 성견이 되서도 다른 강아지들과 즐겁게 놀 수 있는 자신감을 갖추기 어렵습니다. 또한 다른 강아지들과의 사회화가 부족한 강아지는 무서움을 많이 타며, 적대적이거나 공격적인 성견으로 성장하게 됩니다. 일단 그렇게 성장하면 교정이 무척 어렵습니다. 그러나 다행히도 유견기에 강아지들 사이에서 놀게 하는 것만으로도 성견이 되어서 일으키는 그런 심각한 문제들을 간단하게 예방할 수 있습니다.

여러분의 강아지에게 그런 기회를 꼭 주세요. 유견기에 다른 친구들과 놀 수 있는 충분한 기회를 갖지 못하면 평생 사회성의 결여로 인해서 불안과 두려움에 떨면서 살게 될 수도 있습니다.

사회성이 좋은 강아지라고 해서 완벽하게 두려움이 없어지고 다른 강아지들과 절대로 싸우지 않는다고는 말할 수 없겠지만, 일시적으로 두려운 일이 생기더라도 바로 마음을 평온하게 회복할 수 있습니다. 그러나 사회화가 되지 않은 강아지들은 그렇지 못합니다. 또한 강아지 시기에 사회화되고 여러 가지 견종이나 다양한 크기의 강아지들에게 올바르게 대처하는 매너를 배운 강아지라면, 혹시 사회성이 부족한 강아지들과 만나더라도 잘 대처할 방법을 알게 됩니다.

🐾 사회성이 좋아서 훈련 교실에 갈 필요 없어요!

여러분의 강아지가 집에서 같이 기르고 있는 강아지나 주변에서 매일 만나는 다른 강아지와는 정말 잘 지내기 때문에 사회성 좋다고 생각할 수도 있겠지만, 강아지와 함께 산책을 하거나 애견 파크나 훈련 교실에 데려가 보면 여러분의 강아지가 충분히 사회화되어 있지 않다는 사실을 알게 되어 분명 놀랄 것입니다. 그뿐만이 아니라 여러분의 강아지가 무서워서 안아 달라거나 도망치며 숨거나 방어적으로 으르렁거리거나 상대방을 물려고 할지도 모릅니다.

사회성이 부족한 대부분의 어린 강아지들이 집에서는 정말 잘 사회화되어 있고 친화적으로 보일지 모르겠지만 그것은 집에서 기르고 있는 다른 강아지에 대해서 뿐입니다. 또한 그 강아지에게만 지나치게 의존하게 될 가능성도 있습니다. 그래서 다른 강아지들과의 사회화를 위해서는 다양한 낯선 강아지들과 만나게 해주어야 합니다.

또한 일단 사회화가 되었다고 하더라도 그 사회화를 유지하기 위해서는 지속적으로 전에 본 적 없는 강아지들과 만나야 할 필요가 있습니다. 그러니까 강아지를 산책이나 애견 파크에 정기적으로 데리고 가도록 하고, 기회가 오면 훈련 교실에도 참가시키세요.

🐶 강아지의 탈사회화

강아지 시기에 적절한 사회화 교육을 받아서 사회성이 좋아진 강아지라고 하더라도 성장하는 동안에 주인이 지속적으로 관심을 갖고 사회성을 유지할 수 있도록 환경을 조성해주지 않으면 다시 사회성이 부족해지는 현상을 '강아지의 탈사회화 현상'이라고 합니다. 강아지들의 탈사회화는 청년기에 악화하는 경우가 자주 있으며, 강아지 주인이 놀랄 만큼 갑자기 일어나는 경우도 있습니다.

현대의 강아지들은 성장하는 과정에서 모르는 사람이나 다른 강아지들과 만날 기회가 점점 줄고 있습니다. 놀이 교실이나 강아지 파티는 이제 과거의 일이 되었으며 생후 5~6개월경이 될 무렵에는 대부분 견주들의 생활에서 강아지를 가르치기 위한 노력도 점점 줄어들게 됩니다. 집에서는 언제나 익숙한 친구들이나 가족들과 지내고, 산책에 데리고 나간다 하더라도 언제나 같은 길로 다니게 되지요. 게다가 동일한 애견 카페에 가서 항상 만나는 사람들이나 강아지들과 만날 뿐입니다. 결국, 강아지는 좁은 범위 안에서만 친구들과 지내게 됩니다. 더구나 강아지 주인이 성장하는 청년기의 강아지를 정기적으로 산책에 데리고 나가지도 않고 집에 잘 모르는 사람이 오는 일도 별로 없다면 강아지의 탈사회화는 무서운 기세로 진행될 수도 있습니다. 생후 5개월경에는 다소 겁쟁이로 변해서 낯선 사람들에게 인사할 때 주저주저하는 정도였던 강아지가 생후 8개월이 되면 방어적으로 변하게 되며, 자신감을 상실하게 됩니다. 그러면 낯선 사람을 만났을 때 짖거나 뒷걸음질 치게 되며, 털을 세우고 물려고 하거나 날뛰게 됩니다. 이전에는 낯선 사람이나 다른 강아지들에게 우호적인 청년기의 강아지였는데, 갑자기 어느 날부터 아무 예고

없이 집에 온 손님들이나 밖에서 만나는 다른 강아지들을 무서워하게 되어 버리는 것입니다.

　어린 강아지 시기에 사회화 교육을 하는 것은 앞으로 성장해서도 사회성을 유지하면서 행복하게 살아갈 수 있도록 해주기 위한 전제 조건입니다. 그리기 위해서는 강아지가 청년기가 되어도 정기적으로 모르는 사람들과의 만남을 지속하지 않으면 안 됩니다. 그렇게 해주지 않으면 강아지는 점점 탈사회화가 진행될 것입니다. 반면에 청년기에도 사회화가 잘 유지되면 여러분의 강아지는 성견이 되어서도 사회성이 안전하게 유지될 것입니다. 강아지의 사회화는 평생 지속적으로 노력하는 것이 중요합니다.

Part 07

물기 억제
교육

유견기에 무는 행동을 억제해야 합니다

어린 강아지가 깨무는 행동을 하는 것은 지극히 당연한 것입니다. 그런 행동은 정상적이고 자연스러운 것일 뿐만 아니라 없어서는 안 될 행동입니다. 강아지는 물기 놀이를 통해서 무는 행동의 억제와 부드럽게 무는 방법을 발전시켜 나갑니다. 강아지가 문 다음에 상대로부터 적절한 대응을 받으면 받을수록 안심할 수 있는 성견으로 자라납니다.

한편, 강아지 시기에 마우징(부드럽게 깨무는 행동)이나 물기 억제를 배우지 못한 채 성견이 되어버리면 상대방에게 심각한 상처를 입힐 가능성이 훨씬 높습니다.

강아지는 깨물려고 하는 습성이 있어서 하루에도 몇 번이고 물기 놀이를 하려고 합니다. 그리고 이빨이 바늘처럼 날카롭기 때문에 물리면 확실히 아프지만, 아직 턱 힘이 약해서 큰 상처를 입히는 경우는 드뭅니다. 강아지의 턱 힘이 상대에게 상처를 입힐 만큼 강해지기 전에 강아지에게 깨물면 상대방이 아파한다는 것을 학습시킬 필요가 있습니다. 강아지가 사람이나 다른 강아지, 혹은 다른 동물들과 물기 놀이를 할 기회가 많으면 많을수록 성견이 되어 확실하게 무는 행동을 억제할 수 있게 됩니다.

다른 강아지나 동물들과 일상적인 접촉을 할 기회 없이 키우는 강아지는 여러분이 책임지고 무는 행동의 억제를 가르쳐야만 합니다. 지금까지 배운 강아지의 사회화와 핸들링 레슨이 모두 완료되어야만 강아지는 사람을 좋아하며 물고 싶다는 생각을 버리게 될 것입니다. 유견기에 확실하게 무는 행동의 억제를 가르치면 혹시 어떤 상대에게 상처를 입히는 경우가 있더라도 경상으로 그치게 됩니다.

강아지를 키우면서 앞으로 발생하게 될 모든 위험한 상황을 대비한다고 하는 것은 어려운 일이지만, 강아지 시기에 무는 행동의 억제를 확실하게 가르치는 것은 쉬운 일입니다.

강아지가 무는 행동을 억제해야 하는 것은 모든 강아지에게 요구되는 가장 중요한 요소일 뿐만 아니라 생후 18주가 되기 전에 확실하게 숙지하도록 가르쳐야 합니다. 강아지가 무는 행동의 억제를 충분히 숙달하더라도 상대방에게 이빨을 보이거나 싸우려는 행동을 전혀 하지 않는다는 것이 아닙니다. 다만 확실하게 무는 행동의 억제가 숙달되어 있는 강아지는 으르렁거리거나 날뛰더라도 이빨이 상대방의 피부에 닿는 일은 없어집니다. 혹시 강아지가 상대를 가볍게 문다고 하더라도 억제된 물기여서 상대방에게 상처를 입히거나 중상을 입히지는 않습니다.

돌발 상황!

여러분이 노력해서 강아지를 사회화시키고, 강아지가 사람들과 지내는 것을 좋아하고 놀이를 즐길 수 있게 됐다고 하더라도 예측하지 못한 돌발 상황은 발생하기 마련입니다. 아래에 그러한 예를 몇 개 나열해 보았습니다.

- 가족이 강아지의 꼬리가 끼어 있는 줄 모르고 자동차 문을 닫아 버리고 말았다.
- 지나가다가 자고 있던 강아지의 다리를 밟아 버리고 말았다.
- 손님이 별안간 강아지의 목을 잡아 버렸다.
- 미용사가 강아지의 헝클어진 털을 빗겨 주려다 심하게 잡아당겨서 피부가 뜯겨 버리고 말았다.
- 수의사가 마취 없이 강아지의 다리 탈골을 맞추려고 하였다.
- 어린아이가 자고 있던 강아지의 배 위로 넘어졌다.

그런 돌발 상황에서는 아무리 '물기 억제 교육'이 잘되어 있는 강아지라도 모두 비명을 지릅니다. 하지만 강아지들은 으르렁거리며 물려는 동작을 취하더라도 실제로 상대방을 물지는 않습니다. 여기에서 가장 중요한 것은 그 강아지들은 모두가 유견기부터 충분히 무는 행동의 억제를 숙달시켜 왔다는 것입니다. 그렇기 때문에 매우 무섭거나 아픈 상황에 처했는데도 불구하고 순식간에 무는 억제력이 발휘돼서 물고 싶은 행동을 참는 것입니다. 그 결과 어느 강아지도 상대방에게 상처 입히는 일 없이 잘 대처합니다.

반대로 어려서 무는 행동의 억제를 배운 적이 없는 강아지였다면 어떤 결과가 나타날까요? 지금까지 매우 우호적인 강아지였지만, 무는 행동의 억제가 전혀 되어 있지 않았기 때문에 상대방을 여러 번 깊게 물어뜯어서 큰 상처를 입혔을 것입니다. 그런 강아지들은 유견기에 다른 강아지들과 많이 놀지도 못했고, 강아지 시절에는 무는 행동을 그다지 보이지 않았으며, 성견이 되어서도 돌발 상황 이전까지는 한 번도 비우호적인 행동을 보이지 않았기 때문에 물어뜯을 것이라고는 도저히 예상할 수 없었습니다. 결국, 사람들과 생활하면서 충분히 사회화가 되어 있어도 무는 행동의 억제가 되어 있지 않다면 위험성이 있다는 이야기입니다.

위와 같은 상황에서 물기 억제 교육이 되어있지 않은 강아지는 자신이 공격을 당했다고 느꼈을지도 모르겠지만, 결과적으로는 자신에게 상처를 입히려는 생각이 없이 단지 실수로 벌어진 상황에서 사람을 물어 버린 꼴이 되어버리고 만 것입니다.

우리 인간들은 미용사, 치과 의사, 친구들 같은 사람들의 본의 아닌 실수로 상처를 입게 되더라도 바로 반격에 나서지 않도록 사회화가 되었습니다. 그와 마찬가지로 강아지들에게도 돌발적인 상황에서 미용사, 수의사, 가족, 친구, 손님들을 공격하는 일이 생기지 않도록 미리 사회화 교육과 물기 억제 교육을 가르치는 것이 정말 중요한 일이며, 반드시 필요한 일입니다.

강아지의 착한 경고와 좋은 행동

어떤 상황에서도 강아지가 으르렁거리거나 물려고 하거나 이빨을 대거나 한다면 정말 불안하게 느껴지기 마련입니다. 그러나 물기 억제를 배운 강아지가 무는 사고의 대부분은 상대방에게 거의 상처를 입히지 않습니다. 그것은 강아지가 충분히 무는 행동의 억제를 몸에 익히고 있다는 확실한 증거입니다. 강아지가 무는 행동을 하는 것은 사회성 부족으로 인한 것이지만, 무는 행동의 억제가 가능하면 상처를 입히는 정도까지는 이르지 않습니다.

강아지는 누군가에게 도발 당해서 화를 내거나 이성을 잃었다고 하더라도 어려서부터 교육받은 억제심이 강하게 작용하여 상대방에게 상처를 입히는 데까지는 가지 않습니다. 아이들에게 괴롭힘을 당하더라도 으르렁거릴 뿐이며, 아이들의 피부에 이빨을 대는 일은 없습니다.

보통, 무는 행동의 억제가 발달되어 있는 강아지는 상대방의 피부에 닿기 전에, 또한 물어뜯어 피부를 상처 입히는 일이 일어나기 훨씬 전부터 '으르렁'거리면서 미리 경고를 하게 됩니다.

좋은 강아지 나쁜 강아지

🐾 🐾

좋은 강아지는 사회화가 잘 되어 있고 무는 행동의 억제가 충분히 가능한 강아지입니다. 그런 강아지는 정말 훌륭한 강아지입니다. 사람을 무척 좋아하며, 사람을 물 가능성도 거의 없습니다. 만약 상처를 입거나 겁을 먹게 되더라도 캥캥 울던가 물러설 가능성이 높습니다. 그런 강아지가 극도로 흥분할 일이 일어날 경우에는 상대를 턱으로 제압하려 할 수는 있겠지만, 상대방의 피부를 물어뜯으려고 하지는 않습니다. 그런 강아지는 유견기에 다른 강아지나 성견들과 싸움 놀이를 할 기회가 많이 있었고, 다양한 사람들에게 마우징을 하면서 물기 억제를 배울 기회가 많았을 것입니다.

그러나 그렇게 훌륭한 강아지라고 하더라도 사회화와 무는 행동을 억제하는 트레이닝은 평생 지속적으로 해야 한다는 것은 잊지 말아 주세요. 그렇게 하면 혹시 누군가를 무는 일이 있다 하더라도 상처를 입히는 일은 결코 없을 것입니다.

괜찮은 강아지는 사회성은 좀 부족하지만, 무는 행동의 억제가 충분히 가능한 강아지입니다. 그런 강아지는 모르는 사람들에게는 좀 서먹서먹하게 굴기도 하고 도망치거나 숨거나 하는 경향이 있습니다. 낯선 사람이 쫓아다니거나 제압하려고 하면 으르렁거리면서 이빨을 보이는 경우도 있습니다. 하지만 피부를 물어뜯으려고 하지는 않습니다. 그런 강아지는 다른 강아지나 가족들과 충분히 마우징을 하거나 놀이를 하면서 자라 왔지만, 유견기에 많은 사람과 만날 기회는 적었던 강아지입니다. 그런 강아지는 사람을 무서워하여 쭈뼛거리는 태도를 보이기 때문에 이를 분명한 위험 경고로 받아들여야 하며 견주는 하루빨리 강아지의 사회성을 회복시켜주어야 할 필요가 있습니다.

그런 강아지는 무는 행동의 억제가 이미 가능하기 때문에 안전하게 사회화시키는 것이 가능합니다. 또한 두려워하는 태도에서 사람들에게 다가오지 말라고 충분히 경고하고 있기 때문에 대처가 가능합니다.

피해자가 되기 쉬운 대상은 모르는 사람들과 수의사나 미용사같이 강아지를 핸들링하거나 살펴보아야 하는 사람들입니다. 그러나 강아지가 물기 억제가 잘 되어 있기 때문에 상대에게 큰 상처를 입히지는 않을 것입니다.

나쁜 강아지는 사회성이 부족한 데다 무는 행동의 억제 교육도 되어 있지 않은 강아지입니다. 그런 강아지는 분명히 심각한 문제가 있는 강아지입니다. 한정된 사람하고만 잘 지내고 빈번하게 짖거나 으르렁거리며, 낯선 사람이나 다른 강아지를 만나면 공격적으로 물려고 하고, 사람들에게 큰 상처를 입힙니다. 사고가 일어날 때는 통상 먼저 '으르렁' 소리를 내면서 공격적으로 물려고 돌진하고, 상대방이 겁을 먹거나 도망치려고 하면 물어서 상처를 입힙니다.

아마도 뒷마당에서 묶인 채 자라 왔거나 실내에서만 지내서 다른 강아지나 사람들과는 그다지 접촉을 못 하고 자라 온 탓일 겁니다. 그런 강아지는 강아지 시기에 사회화 교육이나 물기 놀이를 전혀 해보지 못했을 것입니다.

그런 강아지는 누가 보더라도 사회성이 부족한 강아지로 보여서 공격당할 수 있는 거리까지 다가가려고 하는 사람은 아무도 없기 때문에 모르는 사람을 물어버리는 사고는 별로 일어나지 않습니다. 만약 사고가 일어난다면 그건 견주가 굉장히 부주의하고 무책임한 탓입니다. 모르는 사람을 물더라도 그런 강아지는 한 번 물고 나면 바로 도망칩니다. 그래서 평소에 그런 강아지에게 물리는 것은 주로 견주와 그 가족 친지들입니다.

정말 나쁜 강아지는 사람과의 사회성은 좋지만, 무는 행동의 억제가 전혀 되어있지 않은 강아지입니다. 그런 강아지야말로 진정 악몽 같은 강아지이며, 무섭고 위험한 강아지입니다. 표면상으로는 밝아 보이기 때문에 무는 행동의 억제 부족은 살짝 내면에 감춰져 있습니다. 사람들을 좋아하며 함께 즐거운 시간을 보낼 수 있어서 도발당하지 않는 한 물려고 하지는 않습니다. 그러나 일단 물리면 상처가 깊고 꽤 심각한 손상을 입히게 되는 경우가 많습니다.

그런 강아지는 유견기에 다양한 사람들과 함께 놀면서 트레이닝을 즐길 기회는 많이 있었지만, 견주에게서 마우징이나 물기 억제 교육을 받지 못하였을 것입니다. 또한 다른 강아지에 대한 사회성이 부족해서 다른 강아지들과 싸움 놀이도 별로 하지 못했을 것입니다.

그런 강아지에게 물리는 대상은 함께 노는 것을 좋아하는 아이들, 친구, 가족, 모르는 사람을 포함하여 누구라도 물릴 가능성이 있습니다. 그런 강아지는 물면 서둘러서 도망쳐야 한다는 것을 느끼지 못하기 때문에 일단 한 번 물기 시작하면 몇 번이고 계속해서 물어뜯으려고 할 것입니다.

대부분의 사람은 강아지가 다른 사람에게 으르렁거리거나 물지 않는 한 그 강아지를 '좋은 강아지'라고 생각하고, 으르렁거리거나 물면 '나쁜 강아지'라고 말합니다. 그럴 경우에는 강아지가 좋고 나쁘고의 문제가 아니라 그 강아지가 사회화 교육과 무는 행동의 억제 트레이닝을 확실하게 받았는지 받지 못했는지가 문제입니다.

물기 억제가 얼마나 확실하게 몸에 배어 있는지에 따라서 그 강아지가 단지 으르렁거리거나 공격을 하거나 이빨을 보이는 것이 허세인지, 아니면 상대에게 깊은 상처를 입히게 될지가 결정됩니다. 그래서 강아지는 유견기 동안에 물기 억제를 확실하게 몸에 익히도록 가르쳐야 합니다.

강아지와 사람이 비슷합니다

이 세상에 모든 행동이 완벽하게 좋은 강아지 따위는 없습니다만, 다행스럽게도 대부분의 강아지는 어느 정도 사회화가 되어 있으며, 물기 억제도 잘 되어 있는 편입니다. 그래서 보통 강아지들은 상대방에 따라 무서워하거나 경각심을 나타내기도 하지만, 기본적으로는 사람들에게 우호적입니다. 또한 대부분의 강아지는 평생 동안 단 한 번이라도 사람을 향해 으르렁거리거나 공격할 수는 있겠지만, 실제로 심각한 상처를 입히는 강아지는 극소수에 불과합니다.

사람의 경우를 예로 들어 설명해보면 강아지의 물기 억제 교육이 얼마나 중요한지 이해하기 쉬울 것입니다.

여러분 자신이 이제까지 단 한 번도 다른 사람과 말다툼한 적이 없으며, 화를 이기지 못하고 다른 누군가에게 손을 댄 적이 없다고 자신 있게 말할 수 있는 사람은 거의 없을 것입니다. 그렇지만 상대가 입원을 해야 할 정도로 큰 상처를 입힌 경험이 있는 사람은 극히 드뭅니다. 결국, 대부분의 사람은 말다툼을 하거나 상대방에게 손을 대 버린 경험은 있지만, 큰 상처를 입히는 일은 거의 없다는 것입니다.

강아지도 사람과 똑같습니다. 대부분의 강아지가 매일 몇 번이고 작은 다툼을 하고 있습니다. 그러나 '물기 억제'가 잘되어 있는 강아지는 다른 강아지나 사람에게 큰 상처를 입히는 경우는 극히 드물다는 것입니다.

강아지들은 싸우면서 물기 억제를 배웁니다

강아지의 물기 억제가 가능하면 얼마나 안전한지는 강아지들 간에 싸움이 벌어질 때 잘 나타납니다. 강아지들끼리 싸움할 때에는 서로를 죽이려는 것은 아닐까 할 정도로 소란스럽게 상대방을 무는 것처럼 보입니다. 그러나 싸움이 진정되어 강아지의 몸을 살펴보면 99% 이상 큰 상처는 거의 없습니다.

강아지들끼리의 싸움이 돌발적으로 시작되고 양쪽 강아지가 지나치게 흥분을 하지만, 양쪽 모두 유견기에 확실히 물기 억제를 몸에 익힌 경우에는 상대에게 큰 상처나 위해를 입히는 일은 없다는 것입니다. 강아지는 정말 신기하게도 좋아하는 싸움 놀이를 하면서 물기 억제를 서로에게 가르칩니다.

어린 강아지들은 동배끼리도 자주 싸웁니다. 대부분의 강아지 싸움은 정상적인 놀이지만 서열의 확립과 유지를 위해서 싸우는 경우도 있습니다.

빈번하게 싸움 놀이를 하거나 서열 확립을 위하여 싸우는 것은 물기 억제를 안정시키고 유지하는 데 필요한 요소입니다. 그러나 그것만으로는 물기 억제를 유지하는 것은 어렵습니다. 산책을 하거나 훈련 교실에 입회할 수 있는 연령이 되기 전까지는 여러분이 직접 강아지에게 물기 억제 교육을 가르쳐야 합니다.

사람에 대한 물기 억제 가르치기

🐾 🐾

혹시 집에서 강아지를 여러 마리 키우고 있다고 하더라도 사람을 물 때의 그 힘과 빈도를 억제하는 것은 여러분이 직접 가르쳐야만 합니다. 특히, 강아지가 다른 사람에게 공포감을 느끼거나 상처를 받았을 때는 어떻게 대응해야 하는지를 꼭 가르쳐 주어야 합니다. 그럴 경우에 강아지는 분명 비명을 지르겠지만, 물려고 해서는 절대 안 된다는 것을 알려주어야 합니다.

여러분의 강아지가 호의적이며 부드럽게 마우징을 할 수 있다고 하더라도, 생후 5개월 이후에는 사람이 요구하지 않는 이상 절대 사람의 신체나 옷에 이빨을 대서는 안 되다는 것을 가르쳐야 합니다.

물론 마우징은 강아지에게 정말 필요한 행동입니다. 그러나 유견기의 강아지가 마우징하는 것은 받아줄 수 있지만, 성견이 손님이나 모르는 사람에게 마우징을 하면 안 됩니다.

강아지가 생후 8개월이 되면 아무리 호의적으로 부드럽게 장난기 섞인 행동으로 문다고 하더라도 그런 행동은 제지해야 합니다. 만에 하나 성견이 아이에게 다가가서 장난으로 부드럽게 팔을 문다 하더라도 아이는 겁에 질리거나 놀랄 것입니다.

강아지에게 물기 억제 가르치기

몇 번이나 반복해서 말씀드리지만, '물기 억제' 교육은 강아지에게 가르쳐야 할 교육 중에서도 가장 중요한 부분입니다. 물기 억제는 3단계의 과정에 따라서 진행합니다. 처음에는 강아지가 무는 힘을 억제하도록 가르치고, 다음에는 강아지의 무는 빈도를 줄여나가다가 마지막에는 물지 않도록 순차적으로 진행해야 합니다.

물론, 강아지의 물기 억제 교육의 3단계는 순서대로 가르쳐야 하겠지만, 현재 기르고 있는 강아지가 너무 활발하거나 심하게 깨문다면 1·2단계를 동시에 가르치는 것도 좋습니다. 언젠가는 강아지의 무는 행동 자체를 완전하게 그만두게 해야겠지만 그전에 반드시 강아지가 부드럽게 물거나 마우징을 할 수 있도록 가르치면서 무는 횟수를 줄여나가야 합니다.

강아지가 무는 힘을 억제시켜라

첫 단계에서는 강아지가 사람에게 상처 입히지 않도록 해야 합니다. 결국 물기 놀이를 할 때 무는 힘을 약하게 하도록 가르치는 것입니다. 이때 강아지를 혼낼 필요는 없으며 절대로 체벌을 해서는 안 됩니다. 그러나 강아지에게 상대를 물면 아프거나 상처를 입히게 될 수 있다는 것을 반드시 가르쳐 주세요.

보통은 단지 "아파!"라고 크게 소리치는 것만으로도 충분합니다. 그래서 강아지가 멈칫거리거나 뒤로 물러나면 잠시 30초 정도 타임아웃을 가지면서 반성하는 시간을 주고, 화해하기 전에 강아지에게 '이리 와', '앉아', '물면 안 돼!'라고 주의를 시키고 다시 놀기 시작합시다.

그렇게 여러분이 아프다고 소리치는데도 강아지가 힘을 빼지 않거나 뒤로 물러서지 않는 경우의 효과적인 교육 테크닉은 강아지에게 "안 돼!"라고 말한 뒤 문을 닫고 방을 나가는 것입니다. 그리고 1~2분 동안 타임아웃 시간을 갖고, 강아지에게 사람이 아플 만큼 물면 가장 좋아하는 물기 장난감인 사람이 없어져 버린다는 것을 알아차리게 해야 합니다. 그리고 다시 강아지가 있는 곳으로 돌아가서 전과 같은 방법으로 화해하세요. 여러분이 강아지를 좋아한다는 것에는 변함이 없지만, 아플 정도로 깨물어서는 안 된다는 것을 확실하게 가르쳐야 합니다.

강아지가 무는 힘이 너무 지나칠 때에는 강아지를 제압하는 것보다는 여러분이 나가는 편이 더 좋습니다. 그러니까 물기 억제 교육을 하려고 강아지와 놀 때는 강아지를 격리해 놓는 방이나 울타리 안에서 놀도록 하세요. 이 테크닉은 머리가 좀 둔한 강아지에게 특히 효과가 있습니다. 왜냐하면, 그것은 강아지들끼리 놀면서 무는 힘을 억제하는 것을 배우는 것과 완전히 같은 방법이기 때문입니다.

어떤 강아지가 다른 강아지를 너무 심하게 물면 물린 쪽은 비명을 지르며 피해버리거나 아픈 곳을 핥습니다. 이 사이에 놀이는 중단되고 맙니다. 상대방을 문 강아지는 바로 자신이 너무 지나치게 물면 모처럼 즐거운 놀이가 중단된다는 것을 학습하게 됩니다. 그리고 다시 놀이가 시작되면 상대방을 문 강아지는 좀 더 부드럽게 물려고 노력하는 것입니다.

다음 단계에서는 강아지가 물 때 완전히 힘을 빼도록 가르쳐야 하는 단계입니다.

타임아웃

강아지가 깨물 때 여러분이 강아지에게 적절하게 응대하는 횟수가 많으면 많을수록 물기 억제는 더 쉽게 익숙해집니다. 강아지에게 무는 힘을 약화시키기 위한 적절한 대응은 강아지가 부드럽게 마우징을 하면 칭찬해 주고, 무는 힘이 강해지면 "아파!"라고 말하며 노는 것을 잠시 멈추고 짧은 휴식을 취하는 것입니다. 그리고 아플 정도로 물었을 때에는 "아파!"라고 큰 소리로 말하며 놀이를 그만두고 30초 동안 타임아웃 시간을 갖는 것입니다.

휴식이나 타임아웃 후에 다시 놀이를 시작할 때에는 반드시 강아지에게 '이리 와', '앉아', '기다려'를 시킨 후에 시작하도록 하세요.

강아지가 여러분의 손을 물고 있는 동안에 잠깐이라도 힘이 가해지기를 기다리다가 정말로 아픈 것처럼 반응하세요. "아파!", "좀 더 부드럽게!"라고 응대해 줍니다. 그러면 강아지는 '정말 사람이란 이렇게 약한가? 민감한 사람들 피부에 마우징할 때에는 정말 신경을 써서 살짝 물지 않으면 안 되겠구나.'라고 생각하기 시작합니다. 이것이야말로 여러분이 바라는 바입니다. 결국, 강아지는 언제나 사람들과 놀 때는 부드럽게 대해야 한다는 것을 알게 됩니다.

강아지는 생후 3개월경이 되기 전에 사람을 깨물어서 다치게 하면 안 된다는 것을 배울 필요가 있습니다. 그리고 강아지 턱의 힘이 강해져서 영구치가 자라기 시작할 생후 4개월 무렵에는 마우징할 때 전혀 힘을 주지 않도록 가르치는 것이 이상적입니다.

🐕 강아지의 마우징 횟수를 줄여라

지금까지 강아지가 부드럽게 마우징하는 법을 배웠다면, 이번에는 마우징하는 횟수를 줄이는 단계에 들어설 차례입니다. 이제부터는 마우징하는 것은 좋지만, 주인이 그만두라고 명령하면 그만두는 법을 가르쳐야 합니다.

우선 처음에는 간식을 사용하여 강아지를 유혹하고 보상을 주는 방법으로 '기다려!'를 가르치도록 하세요. 방법은 여러분이 간식을 보여주면서 "기다려!"라고 지시합니다. 그래서 강아지가 간식을 쳐다보면서 1초 동안 기다리고 있으면 "먹어!"라고 지시하고 간식을 줍니다. 다음에는 기다리는 시간을 2~3초로 늘리고, 그다음에는 5초, 8초, 12초, 20초로 연장해 가면서 동일한 방법으로 지속해 갑니다. 이 레슨을 하고 있는 동안에는 언제나 간식을 손으로 입 안에 넣어주도록 하고, 강아지는 부드럽게 물기가 가능해야 합니다.

강아지가 '기다려!'라는 지시를 이해하게 되면 음식을 미끼 보상으로서 사용하고, 마우징을 안 하도록 가르칩니다. 먼저 "기다려!"라고 말하고 건조 간식을 미끼로서 흔들어 보이고 강아지가 기다리면 칭찬해 주고 보상으로 간식을 줍니다. 이번 교육의 목적은 강아지가 마우징을 안 하도록 하는 것이기 때문에 강아지가 얌전히 마우징을 그만두고 기다릴 때마다 다시 놀이를 재개합니다. 만약 강아지가 '기다려!'라는 요구에 따르지 않고 여러분의 손을 물고 놓지 않는다면 "안 돼!"라고 말하고는 바로 강아지 입에서 손을 뺍니다. 그리고 "이제 다시는 안 해!"라고 불평하면서 서둘러 방을 나가며 강아지가 보는 앞에서 문을 쾅 닫아버리세요. 그리고 2~3분 정도 강아지를 혼자 있게 한 뒤 다시 돌아가서는 '이리 와', '앉아'를 시켜서 화해하고 다시 마우징 게임을 지속합니다.

강아지가 생후 4개월경이 될 무렵에는 부드럽게 마우징할 수 있게 되어야 합니다. 그뿐만 아니라 여러분이 요구할 때만 마우징을 해야 하며, 지시하면 바로 마우징을 그만두도록 훈련시킬 필요가 있습니다.

여러분의 지시에 의해서 강아지가 마우징을 하지 않게 되었다 하더라도 생후 5개월이 되기 전에 강아지 스스로가 사람들에게 마우징하지 않도록 가르치세요. 그 후에도 강아지에게 물기 억제 교육을 지속해 나가는 것은 절대적으로 필요한 일입니다. 그렇지 않으면 강아지의 무는 습성은 성장함에 따라 점차 악화되어 정말로 강하게 물게 될 것이기 때문입니다.

게임과 놀이는 규칙을 지켜야 합니다

성인 남성이나 청년, 남자아이들은 마우징 놀이를 가끔 강아지가 감당할 수 없을 정도로 오버하는 경우가 있는데, 그렇게 하면 안 됩니다. 강아지와 싸움 놀이나 터그 게임을 할 때에도 너무 과도하게 하지 않도록 주의해야 합니다.

그런 게임을 하는 본래 목적은 여러분이 강아지를 좀 더 잘 컨트롤 하는 기술을 익히는 데 있습니다. 그리고 규칙에 따라서 올바르게 게임을 진행하면, 강아지의 마우징 교육이나 짖는 행동의 통제, 스트레스 해소에 도움이 됩니다. 그러나 규칙에 따르지 않고 무분별하게 진행하면 오히려 감당하기 어려운 문제가 있는 성견으로 성장하게 됩니다.

앞으로 강아지에게 '이리 와', '앉아', '기다려', '짖어', '쉿!'을 시키지 못하는 사람은 절대로 여러분의 강아지를 만지거나 함께 놀게 해서는 안 된다는 규칙을 만들어야 합니다. 이 규칙은 모든 사람이 지켜야 하지만, 특히 가족이나 친구, 손님 등과 같이 강아지의 행동 교육을 단번에 수포로 되돌려 버릴 가능성이 높은 사람들에게는 필수적으로 적용해야 합니다.

강아지가 놀고 있을 때 '기다려!'와 '앉아!'를 몇 번이고 연습시키면, 강아지는 아무리 흥분하여 날뛰는 상태라 하더라도 여러분의 말에 따라 바로 컨트롤 할 수 있습니다. 강아지와의 놀이는 중간에 가끔 중단하세요. 적어도 30초에 한 번 정도는 짧은 타임아웃 시간을 갖고, 자신이 강아지를 간단하게 명령으로 진정시킬 수 있는지를 확인해야 합니다.

오히려 물지 않는 강아지가 위험합니다

부끄러움을 타거나 겁이 많은 강아지는 다른 강아지나 모르는 사람들과 사회화하거나 함께 놀 기회가 적습니다. 그래서 다른 강아지와 물기 놀이를 많이 하지 못하기 때문에 자신의 무는 힘에 대해서 배울 기회가 전혀 없습니다. 전형적인 예로 강아지 시기에 마우징이나 물기를 하지 않고 성견이 되어서도 사람을 물어본 적이 없는 강아지가 그렇습니다.

어느 날 그런 강아지가 개껌을 갖고 한참 놀고 있던 중에 잘 모르는 아이가 실수로 강아지 위로 넘어졌다고 합시다. 그러면 그 강아지는 순간적으로 아이를 물어버릴 것입니다. 더구나 그 강아지는 물기 억제가 전혀 되지 않았기 때문에 처음으로 문 것이 심각한 부상을 일으킵니다.

마찬가지로 우리나라의 진돗개와 같은 토종 견종들은 주인에 대한 충성심이 상당하기 때문에 다른 강아지나 모르는 사람에 대해서는 항상 경계하는 태도를 보이거나 배타적인 경향이 있습니다. 그런 견종들은 가족들에게만 마우징을 하거나 깨물려고 하는 강아지도 있습니다만, 어떤 강아지는 마우징조차 하지 않으려는 강아지도 있습니다. 그런 강아지들은 어려서 무는 힘을 억제하는 것을 배우지 못하는 경우가 많기 때문에 더욱 강아지 시기에 충분히 사회화시켜야 할 필요가 있습니다.

사람들의 중요한 실수

사람들이 자주 하는 실수는 강아지가 깨무는 것을 못 하게 하기 위하여 콧등을 때리거나 물리는 손가락을 강아지 입속으로 밀어 넣는 방법 등으로 강아지를 벌주는 것입니다. 그렇게 벌을 주면 강아지는 벌을 주는 사람은 못 물 수 있겠지만, 그 대신에 어린아이들이나 다른 사람을 물려고 합니다. 더욱 좋지 않은 것은 그 강아지가 여러분에게 마우징을 해본 경험이 없기 때문에 물기 억제 능력이 부족해서 상대방에게 심각한 상처를 입히는 경우가 많다는 것입니다.

따라서 강아지는 처음부터 깨물지 못하게 하는 것보다는 무는 힘을 억제하는 교육을 해서 물지 않도록 가르쳐야 합니다. 깨물지 못하도록 벌을 준다면 잠시 평온한 상태가 지속될지는 모르겠지만, 언젠가 다른 사람을 물어 버리게 됩니다.

Part 08

청년기
변화와 대책

강아지 청년기(사춘기)에 일어나는 변화

여러분은 강아지를 입양해서 지금까지 가정에서 꼭 필요한 배변 교육, 홈 얼론 교육, 사회화 교육, 물기 억제 교육 등을 했습니다. 이제 여러분의 강아지가 예의 바른 행동을 보이고 충분히 사회화가 되었으며, 확실한 물기 억제가 가능하게 된 것을 자랑스럽게 여기고 있을 것입니다. 앞으로의 과제는 강아지의 그런 훌륭한 모습을 그대로 계속 유지하는 일입니다.

여러분이 강아지를 가르치는 목적은 사람들에게 우호적이면서 자신감이 있고 순종적인 강아지로 키우려는 것입니다. 그것이 잘 진행된다면 청년기가 되어서 직면하는 무수히 많은 사회적 변화에도 효과적으로 대처할 수 있습니다.

물론, 청년기로 성장하는 강아지들이 지속적으로 좋은 행동 패턴을 유지하도록 하는 것이 정말 쉬운 일이 아니겠지만, 여러분의 강아지는 이미 사회화가 잘 되어 있기 때문에 앞으로 조금만 관심을 갖고 노력하면 항상 즐거운 일상생활을 영위하게 될 것입니다.

강아지가 청년기가 되면 행동이 좋아지기도 하고 나빠지기도 하면서 계속 변화해 갑니다. 강아지를 지속적으로 잘 훈련시키면 상태가 점점 좋아지겠지만, 그렇지 않다면 반드시 악화될 것입니다.

강아지가 성장하여 성견이 되면 행동이나 기질이 좋은 방향이든 나쁜 방향이든 안정되는 경향이 있습니다. 그렇기 때문에 성견이 되기 전에 올바르게 컨트롤 해주지 않으면 강아지의 기질과 매너에 갑작스레 파격적인 변화가 찾아오게 됩니다. 그러므로 성견이 되어가는 청년기 과정에서 좋지 않은 행동이나 기질을 보이지는 않는지 언제나 주의해서 살피지 않으면 안 됩니다. 만약에 그런 행동이 눈에 띄면 더 이상 상태가 나빠지기 전에 서둘러서 교정해 주어야 합니다.

강아지의 청년기는 모든 것들이 변화하는 결정적인 시기입니다. 이 시기에 강아지 교육에 나태하게 되면 강아지는 바로 매너가 없어지고, 탈사회화로 인해서 흥분하기 쉬운 문제 강아지로 돌변하게 됩니다.

아래 적은 내용은 청년기 강아지에게 일어날 수 있는 여러 가지 변화와 주의해야 할 점들입니다.

🐕 가정 교육

가정 예절은 청년기로 성장해 갈수록 점차 악화되어 갈 가능성이 있으며, 특히 강아지가 몸에 익힌 배변 습관이나 좋은 행동들을 항상 잘 유지 관리해 주지 않으면 한순간에 다시 나빠질 수도 있습니다. 그러나 여러분이 강아지를 유견기 때부터 확실하게 훈련을 잘 시켜왔기 때문에 조금만 관심을 갖고 지켜보면 올바른 가정 예절이 무너지지 않도록 예방할 수 있습니다.

🐕 매너 교육

기본 매너도 강아지가 청년기에 돌입하게 되면 한순간에 악화할 위험이 있습니다. 유견기에는 강아지를 가르치는 것이 미끼 보상 훈련 방법만 활용하면 되는 간단한 일들이었습니다. 또한 강아지 시기에는 여러분이 강아지에게 가장 존경받는 관심의 대상이었기 때문에 '이리 와', '앉아', '엎드려', '기다려' 같은 여러분의 지시를 즐겁게 배우고 따라 주었습니다. 그러나 이제 강아지는 다른 강아지의 엉덩이 냄새를 맡거나 풀 위에 떨어져 있는 다른 동물의 흔적을 쫓아가는 것으로 흥미의 대상이 바뀌게 됩니다. 강아지의 흥미를 유발하는 많은 것들이 대부분 훈련에 방해가 되기 때문에 이제는 여러분이 부르더라도 다른 이성의 강아지들과 노는 것에 열중하느라고 바로 달려오지 않을 것입니다. 그뿐만 아니라 여러분이 지시해도 '이리 와', '앉아', '기다려'라는 말을 들으려 하지 않고, 자신이 가고 싶은 방향으로 리드줄을 잡아당기거나 갑자기 흥분해서 돌발적인 행동을 하기도 합니다.

🐕 물기 억제

물기 억제도 강아지가 성장하면서 턱의 힘이 강해지기 시작하면 점차 변화하기 마련이므로 어릴 적부터 지속적으로 다른 강아지와 어울릴 기회를 충분히 주거나 사료나 간식을 손으로 주면서 정기적으로 양치를 해주는 것이 청년기 강아지의 물기 억제를 유지하는 데에 가장 좋은 방법입니다.

🐕 강아지 사회성

강아지의 사회성 역시 청년기에 탈사회화 되는 경우가 자주 있으며, 그런 현상이 놀랄 만큼 갑자기 일어납니다. 강아지는 성장함에 따라 모르는 사람이나 다른 강아지들과 만날 기회가 줄어듭니다. 훈련 교실이나 사회화 교실은 이제 기억에서 사라져 버렸고, 생후 5~6개월경이 될 무렵에는 대부분의 사람이 강아지 교육에 대한 관심도 서서히 줄어듭니다. 집에서는 언제나 익숙한 가족들과 지내고, 산책에 데리고 나간다 하더라도 언제나 같은 길을 다니게 되며, 동일한 애견 파크에 가서 항상 만나던 사람들이나 강아지들과 만날 뿐입니다. 결국 강아지는 항상 낯익은 상황이나 대상들을 만나면서 지내게 됩니다. 더구나 청년기의 강아지를 정기적으로 밖으로 데리고 나가지도 않고, 집에 잘 모르는 사람이 오는 일도 거의 없다면 강아지의 탈사회화는 무서운 기세로 진행되어 갑니다.

강아지 시기에 사회화가 잘된 강아지라고 하더라도 지속적으로 그 상태를 유지하기 위해서는 청년기가 되어서도 정기적으로 모르는 사람들과의 만남을 계속하지 않으면 안 됩니다.

여러분의 강아지가 청년기에도 사회화가 잘 유지 발전되면 성견이 되어서도 안전하며 즐거운 사회생활을 할 수 있습니다. 이처럼 사회화는 지속적인 유지 과정이 중요합니다.

또한, 청년기에는 다른 강아지들에 대한 사회화도 악화됩니다.

사실 어떤 강아지들이나 다 친구가 될 수 있다는 생각은 현실적으로 있을 수 없습니다. 강아지들도 역시 사람과 마찬가지로 특별한 친구와 그냥 아는 사이, 별로 좋아하지 않는 강아지가 있습니다. 그리고 강아지가 싸움하는 것은 지극히 자연스러운 것입니다. 일생에 단 한 번도 물거나 싸움을 해 본 적이 없는 강아지는 거의 없습니다. 어린 강아지가 유치원이나 애견 파크에서 놀고 있을 때는 아무 문제가 없을 수 있겠지만, 청년기 강아지의 경우에는 싸움이나 싸움 놀이를 꽤 심각할 정도로 하기도 합니다.

강아지가 청년기가 되어 처음 하는 싸움이 다른 강아지들에 대한 사회화를 망쳐버리는 경우도 자주 있습니다. 특히 초소형견이나 초대형견의 경우에 더욱 그렇습니다. 소형견의 견주들은 자신의 강아지가 싸우면 위험하다고 생각해서 대형견들과 함께 뛰어놀게 하고 싶어 하지 않습니다. 그러면 강아지의 사회성은 후퇴하기 시작하고, 그 소형견은 점점 쉽게 화를 자주 내며 싸움을 걸려고 하는 강아지가 되어 버립니다. 마찬가지로 대형견의 견주들도 당연히 자신의 강아지가 소형견들에게 상처 입히지는 않을까 걱정합니다. 여기서도 역시 사회성은 악화되어 가기 시작하며, 그 대형견은 점점 화를 많이 내고 싸움을 걸려고 하는 강아지가 되어 버리고 맙니다.

강아지의 사회성이 부족하면 다른 강아지들과 싸울 가능성은 증가하고, 그렇게 되면 그것이 더욱 심각한 사회성 부족을 촉진하게 됩니다.

물기 억제가 최선의 예방입니다

강아지들끼리의 싸움은 매우 거칠고 소란스러워서 보고 있는 사람에게는 정말 무섭게 느껴지는 경우도 있습니다. 특히 싸우는 강아지의 보호자 입장에서는 더욱 그렇습니다. 사실 강아지들끼리 싸우는 것만큼 보호자를 당황케 하는 것은 없습니다. 그렇지만 보호자가 강아지들의 싸움을 판단할 때에는 가능한 한 객관적으로 봐야 합니다. 그렇지 않으면 단 한 번의 싸움만으로도 그 강아지의 사회화가 끝나버릴 수도 있습니다.

대부분의 경우 강아지들의 싸움은 끝이 정해져 있고 컨트롤할 수가 있어서 비교적 안전하다고 할 수 있습니다. 그러니까 보호자가 적절하게 대응을 잘하면 해결 방안은 쉽다고 할 수도 있습니다. 그러나 반대로 보호자가 비합리적이며 감정적인 대응을 하게 되면 그 싸움이 견주를 화나게 하고 강아지들의 문제를 더욱 악화시키는 일이 되어 버릴 수도 있습니다. 특히 청년기의 수

컷 강아지는 으르렁거리고 이빨을 드러내며 위협을 하거나 때때로 싸움을 벌이는데, 이런 상황은 극히 자주 있는 일들입니다. 그것은 '나쁜 강아지'의 행동이 아니라 강아지가 자신이 강하다는 것을 행동으로 표현하려고 하는 것에 지나지 않습니다.

강아지가 으르렁거리거나 싸움하는 것은 청년기 수컷 강아지의 특징으로, 잠재적인 자신감의 부족을 나타내고 있는 경우가 대부분입니다. 시간을 들여서 사회화를 계속 진행하면 보통 청년기의 강아지들은 자신감을 회복하고, 싸움으로 자신이 강하다는 것을 일부러 증명하려 할 필요가 없다는 것을 알게 됩니다.

싸우려는 강아지를 지속적으로 사회화시키기 위해서는 자신의 강아지가 싸워도 크게 위험하지 않다는 것을 믿어주어야 합니다. 어떤 강아지가 자주 싸워서 사람을 화나게 하거나 귀찮게 하는 존재가 되어 버렸다 하더라도 다른 강아지에게 크게 상처를 입히거나 하지는 않습니다. 물론 으르렁거리거나 싸우려 하는 것은 강아지의 성장 과정에서 정상적인 행동입니다. 하지만 다른 강아지를 심하게 다치게 하는 것은 어린 강아지 시절부터 중요한 물기 억제 교육을 잘 시키지 않은 결과로, 그것은 다른 문제입니다.

강아지가 싸운다는 것은, 물론 나쁜 알람이지만, 어떤 면에서는 좋은 상황으로 이어지기도 합니다! 여러분의 강아지가 싸우더라도 상대에게 상처를 입히지만 않는다면 매번 싸울 때마다 물기 억제가 되고 있다는 것을 증명하는 것이기 때문입니다!

그러나 만일 여러분의 강아지가 과거에 싸우다 상대방 강아지의 피부나 신체에 큰 상처를 입힌 적인 있다면 사태는 심각합니다. 왜냐하면 물기 억제가 되어 있지 않은 위험한 강아지이기 때문입니다. 그런 강아지는 교정도 어렵고 시간이 많이 필요하며 때에 따라서는 위험한 결과를 낳을 수도 있습니다. 유능한 전문가의 도움이 필요합니다. 그러나 전문가라 하더라도 그런 강아지를 반드시 교정할 수 있다는 보장은 없습니다. 강아지의 행동 문제 중에서도 상대방을 물어뜯는 행동은 교정이 정말 어렵기 때문입니다.

물기 억제가 전혀 되지 않은 채 싸우기를 좋아하는 성견을 교정하는 것이 가장 어려운 일인 반면에, 유견기에 '물기 억제 교육'으로 그런 문제를 미리 예방하는 것은 간단하고 효과적인 최선의 방법입니다.

강아지 청년기를 잘 보내는 비결

강아지 화장실 근처에는 항상 간식을 넣어 둔 용기를 비치해 놓고, 강아지가 올바른 장소에서 배변할 때마다 반드시 칭찬해 주고 간식을 주도록 하세요.

강아지는 집에서 혼자 있을 때 심심함을 때우기 위하여 무언가를 하려고 합니다. 혼자 있게 된 강아지가 적극적으로 물어뜯거나 쓸데없이 짖거나 극단적으로 흥분하는 문제를 예방하고, 강아지의 심심함과 불안을 완화시키기 위해서 가장 효과적인 방법은, 하루치 급여량의 사료를 몇 개의 '비지버디 트위스트' 같은 물기 장난감에 채워서 놓아두는 것입니다. 그리고 청년기를 겪고 있는 여러분의 강아지가 언제나 순종적으로 잘 따르게 하기 위해서는 간단하게 '앉아', '기다려' 같은 복종 훈련을 산책이나 놀이 중간에 자주 접목시키는 것이 필요합니다.

사실, 청년기에 강아지의 매너를 계속 유지하는 것도 방법만 알면 간단합니다. 그러나 그 방법을 모른다면 정말 어려운 일이 되고 맙니다.

강아지 사회화가 잘 되어있지 않아서 물려고 하거나 이빨을 보일 때에는 강아지 시기에 바로 훈련 교실에 데리고 가서 사회화 교육과 물기 억제 교육 만큼은 확실하게 배우도록 해주세요. 또한 그럴 경우에 아직 강아지의 방어적 행동이 다른 사람에게 위해를 입힌 일은 없다고 하더라도 위험한 상황이 발생하기 전에 그 강아지는 사회화 회복 프로그램을 즉시 시행해야 하고, 물기 억제 레슨을 지속해야 합니다.

여러분의 강아지가 좋은 사회성을 유지하는 비결은 적어도 하루에 한 번은 산책을 나가고, 일주일에 한 번 이상 애견 카페나 애견 파크에 데리고 가는 것입니다. 그리고 가능하면 때로는 다른 산책 코스, 새로운 애견 카페를 찾아보도록 하세요. 그렇게 하면 여러분의 강아지는 더 다양한 강아지들과 사람들을 만날 수 있게 됩니다.

Part 09

외출과
산책

강아지와 즐거운 산책

강아지를 안전하게 밖에 데리고 나갈 수 있는 시기가 되면 바로 산책을 데리고 나가도록 하세요. 강아지에게 사회화 교육이나 가벼운 훈련을 하기 위해서는 산책이 아주 효과적인 방법입니다. 또한 산책은 강아지의 심장 기능을 비롯한 신체 건강과 스트레스 해소를 위한 정신 건강에도 매우 좋습니다. 강아지 산책을 많이 시키세요!

목걸이에는 핑크 리본 같은 것을 달아주고 하루에 몇 사람을 만나고, 몇 마리나 새로운 강아지 친구들이 생기는지를 살펴보세요. 강아지와 함께 나가는 산책은 여러분의 건강과 사교 생활에도 좋은 영향을 끼치게 됩니다.

산책하기 전에 배변을 시키자

강아지를 산책에 데리고 나갈 때는 반드시 배변을 마친 것을 확인한 후에 나가도록 하세요. 그렇게 하면 강아지에게 산책은 올바른 장소에서 올바른 타이밍으로 배변을 잘한 것에 대한 보상이 될 것입니다. 그렇지 않고 강아지가 산책 중에 배변을 하고 집으로 데리고 들어와 버리면 강아지는 배변한 것에 대한 벌을 받는 꼴이 되어 버리고 맙니다. 그뿐만 아니라 일단 강아지가 실외에서 배변하는 습관이 생기면 실내에서 배변하는 것보다 실외에서 배변하는 쪽을 더 좋아하게 되어 여러 가지로 불편한 상황이 발생하게 됩니다.

강아지에게 리드줄을 채우고 집을 나서기 전에 배변을 하도록 여러분 주위를 빙빙 돌면서 주변의 냄새를 맡게 합니다. 그런 채로 4~5분 동안 기다려 주세요. 그래서 강아지가 배변을 하면 칭찬해 주고 보상으로 간식을 준 뒤 "산책하러 가자!"라고 말하면서 나가도록 하세요. 그렇게 '배변을 하면 산책을 한다.'라는 단순한 규칙을 따르게 되면 강아지는 산책을 나가고 싶어서 점점 빠르게 배변을 하게 될 것입니다.

강아지가 산책 전에 배변을 하도록 가르치는 것은 또 다른 이점이 있습니다. 배변의 흔적을 집어서 자택의 쓰레기통에 변을 버리는 것이 산책 중에 청소하는 것보다 훨씬 더 편리하겠지요. 게다가 배변 봉투를 챙겨 들고 산책하는 것보다 아무것도 손에 들지 않고 개운해진 강아지를 데리고 산책에 나가는 편이 훨씬 더 즐거울 것입니다.

산책은 준비와 출발이 중요합니다

🐾 🐾

여러분도 강아지와 함께 산책 나가는 것이 즐거운 일이지만, 건강하고 사회성이 좋은 강아지에게는 산책이야말로 최고의 선물입니다. 그래서 강아지들은 산책을 나간다는 생각만으로도 흥분하게 됩니다. 그리고 실제 산책을 데리고 나가면 강아지의 흥분은 최고조가 되어 강아지는 앞장서서 리드줄을 당기게 되고, 시간이 지날수록 리드줄을 당기는 행동이 점점 더 강해집니다. 하지만 강아지의 그런 행동을 억제할 수 있는 좋은 방법이 있습니다. 이 방법을 잘 활용하면 아무리 고집이 세거나 지나치게 흥분하는 강아지라도 효과적으로 통제해서 즐거운 산책을 할 수 있습니다.

우선, 여러분이 강아지와 산책하러 나가기 전에 준비하는 과정이 정말 중요합니다. 먼저 "조이야 산책가자!"라고 말하면서 강아지의 코끝에서 리드줄을 흔들어 보입니다. 그러면 대부분의 강아지는 흥분하기 시작합니다. 여러분은 가만히 선 채로 강아지가 얌전히 '앉아'를 할 때까지 기다립니다.

산책이 시작되기 전에 여러분이 가만히 서서 기다리고 있으면 강아지는 주인이 자신에게 무엇인가 원하는 것이 있다고는 생각하지만 아직 무엇을 기대하는지는 확실히 알지 못할 것입니다. 그러면 강아지는 여러분이 생각지도 못한 행동들을 하게 될 것입니다. 빨리 나가자고 계속해서 짖거나 뛰어오르거나 엎드리거나 앞발로 여러분을 긁거나 여러분 주변을 맴도는 행동을 할 것입니다. 그러나 여러분은 강아지가 '앉아'를 하고 기다리기 전까지는 어떤 행동을 하더라도 무시해야 합니다. 아무리 많은 시간이 걸린다 하더라도 상관없습니다. 언젠가 강아지는 '앉아'를 하게 될 테니까요. 그러다가 결국 강아지가 '앉아'를 하면 "옳지!"라고 칭찬을 해주고 나서 리드줄을 목줄에 연결한 후에 왼손으로 리드줄을 짧게 잡고 현관 쪽으로 한 발짝씩 다가갑니다. 현관문을 열기 전에도 다시 강아지가 '앉아'를 할 때까지 기다립니다. 현관문을 나가서 엘리베이터 앞에서도 다시 '앉아'를 시킵니다. 만약 강아지가 흥분해서 잘못하면 다시 집으로 돌아가서 강아지의 줄을 풀어 주고 같은 동작을 처음부터 다시 시작합니다.

드디어 여러분은 강아지가 '앉아'를 하고 기다릴 때까지 걸리는 시간이 점점 짧아진다는 것을 알게 될 것입니다. 또한, 집을 나설 때마다 강아지의 반응이 얌전해지고 있다는 것을 느낄 것입니다. 그렇게 외출하는 과정을 3~4번 반복하면 강아지는 얌전히 걷고, 언제나 여러분이 원하면 바로 '앉아'를 하고 기다리게 될 것입니다.

산책을 나가려고 할 때 강아지에게 '앉아'를 무리하게 강요해서는 안 됩니다. 어떤 지시도 해서는 안 됩니다. 그러면 강아지는 말이 없어도 주인이 원하는 행동을 스스로 알아채게 됩니다. 결국, 강아지는 즐거운 산책을 나가기 위해서는 자신이 어떻게 해야 하는지, 여러분이 바라는 것이 무엇인지를 배우게 됩니다.

이제 여러분이 강아지와 기분 좋게 밖에 나갈 수 있는 준비가 되었다면 드디어 진짜 산책을 할 시간입니다.

처음에는 강아지의 저녁 식사용 사료를 봉투에 담아 산책 중에 강아지의 식사를 해결하세요. 한 손에 사료 봉투를 들고 가만히 서서 강아지가 '앉아'를 하는 것을 기다려 줍니다. '앉아'를 하였다면 "옳지!"라고 칭찬하고 음식을 줍니다. 그리고 크게 한 걸음 걷고 다시 서서 기다려 줍니다. 여러분이 한 보 앞으로 나아가면 바로 강아지는 흥분하여 앞으로 돌진하려 할지도 모르겠지만, 가만히 움직이지 않고 기다려 줍니다. 얼마 안 가서 강아지는 다시 앉을 것입니다. 그러면 "옳지!"라고 말하고 음식을 주고 다시 크게 한 걸음 나아갑니다.

이렇게 몇 번 반복하면 여러분이 멈추어 설 때마다 강아지의 반응이 점점 기민해지는 것을 알 수 있을 것입니다. 정말 몇 번만으로도 강아지는 여러분이 멈추어 설 때마다 '앉아'를 하게 될 것입니다. 그럼, 이번에는 크게 두 걸음 앞으로 나아가서 기다리세요. 그리고 세 걸음, 다섯 걸음, 여덟 걸음, 열 걸음, 스무 걸음 점점 늘려 갑니다. 이제 강아지는 여러분의 곁을 얌전하게 주의하면서 걷게 되며, 여러분이 멈추어 설 때마다 바로 자동적으로 '앉아'를 해야 한다는 것을 알게 될 것입니다. 이 모든 것을 전부 단 한 번의 기회로 알려 주게 된 것입니다. 그리고 여러분이 할 일은 단지 "옳지!"라고 칭찬해주거나 음식을 주기만 하면 됩니다.

산책 중에 강아지를 흥분시키지 마세요

여러분이 단 한 걸음 전진한 것만으로도 강아지가 흥분한다면 강아지가 리드줄을 당기면서 산책하는 것을 얼마나 좋아하는지를 알게 될 것입니다. 그러니까 매번 한 걸음씩 늘려 가며 시작하도록 하세요. 강아지가 얌전하게 '앉아'를 할 때까지 기다려 주고, 다시 한 걸음씩 나아가 주세요. 분명히 이 방법으로 강아지를 트레이닝하면서 원하는 목적지까지 간다는 것은 무리이기 때문에 첫날은 단지 강아지에게 리드줄을 채우고 산책하는 방법을 가르쳐 주는 것만을 목적으로 느긋하게 산책하도록 하세요.

산책 중에 사회화를 시키자

🐾 🐾

강아지와 산책 중에는 반드시 몇 번의 타임아웃을 가져야 합니다. 아직 어린 강아지를 재촉하여 갑자기 세상 속 복잡한 환경으로 밀어 넣어서는 안 됩니다. 우선 강아지에게 충분한 시간을 주고 세상이 어떻게 돌아가고 있는지를 침착하게 관찰할 수 있도록 해주세요.

절대로 여러분의 강아지가 무조건 잘 적응할 것이라고 생각해서는 안 됩니다. 안정적으로 보이는 상태도 불안한 장소에서는 바로 불안정하게 변할 수가 있으며, 강아지가 놀라거나 겁먹게 되는 경우도 생기는 법입니다.

가장 좋은 것은 그런 문제를 미리 예방하는 것입니다. 강아지와 함께 산책하다가 다른 강아지나 낯선 사람이 지나갈 적마다 강아지에게 손으로 간식을 조금씩 주면 강아지가 낯선 사람이나 다른 강아지들과의 만남에 대하여 좋은 인상을 갖게 됩니다.

자동차나 대형 트럭, 시끄러운 오토바이 등이 지나갈 때마다 간식을 한 개씩 줍니다. 사람이나 다른 강아지가 지나갈 때에는 두 개를 주도록 하세요. 강아지가 우호적인 태도로 다른 사람들이나 강아지에게 인사를 하면 이번에는 칭찬을 하면서 간식을 줍니다. 그리고 아이들이 스케이트보드나 자전거를 타고 휙 지나가는 경우에도 잊지 말고 간식을 주어야 합니다.

누군가가 여러분의 강아지에게 다가오거나 만지고 싶어 하면 먼저 간식을 미끼 보상으로 사용해서 '이리 와'와 '앉아'를 시키는 방법을 그 사람에게 가르쳐 줍니다. 그리고 그 사람에게 부탁해서 강아지가 그 사람에게 인사하려고 '앉아'를 하였을 때 간식을 주게 합니다. 강아지에게 언제나 모르는 사람과 만나서 인사할 때에는 반드시 '앉아'를 해야 한다는 것을 가르쳐 두어야 합니다.

산책 중에 매너 트레이닝을 시키자

강아지가 생후 4개월이 지나면 유견기는 끝난 것입니다. 그러면 여러분의 강아지는 다양한 이유로 리드줄을 강하게 끌어당깁니다. 앞서 걷고 있는 강아지는 언제나 시계가 넓게 트여 있기 때문에 앞으로 가고 싶다는 유혹을 느낍니다. 그렇기 때문에 리드줄을 확 당긴다는 것은 견주에게 앞으로 가고 싶다는 자신의 의사를 전달하는 것입니다. 또한, 강아지들은 본능적으로 리드줄을 끌어당기면서 걷는 것을 즐거워합니다. 여러분은 강아지가 매번 줄을 당길 때마다 당기는 힘이 무서울 정도로 강해졌다는 것을 알게 될 것입니다.

처음에는 집안이나 정원에서 미리 리드줄을 채우고 걷는 연습을 하다가 강아지가 밖에 나갈 수 있는 시기가 되면 산책을 데리고 나갑니다. 강아지와 산책하러 나가는 것은 강아지 시기부터 해야지 청년기가 될 때까지 기다려서는 안 됩니다. 걷는 동안에는 여러분의 옆에서 따라 걷게 한 다음에 강아지가 놀기에 적당한 장소에 도착하면 조금 긴 시간 동안 강아지를 풀어 주고 주변의 냄새를 맡으면서 놀게 해 줍니다. 그렇게 함으로써 강아지는 여러분의 옆을 잘 따라 걷게 되면 다음에는 자유롭게 돌아다니면서 냄새를 맡으며 놀 수 있다는 것을 학습하게 되고, 그러면 강아지는 항상 여러분 옆을 따라 걷고 싶어하게 됩니다.

그렇다고 해서 청년기의 강아지가 언제까지나 여러분의 옆을 따라 걷는 것을 좋아한다고 생각해서는 안 됩니다. 조만간에 강아지는 여러분 옆을 따라 걷고 있는 동안에는 냄새를 맡으며 자유롭게 돌아다닐 수 없다는 것을 알아챕니다. 그러면 강아지는 여러분을 따라 걷는 것보다는 자기가 원하는 방향으로 가기 위해서 리드줄을 당기게 됩니다. 하지만 강아지와 산책을 즐겁게 하기 위해서는 강아지가 마음대로 리드줄을 당기게 해서는 안 됩니다. 만약에 여러분이 "천천히", "따라" 하고 지시해도 강아지가 말을 잘 듣지 않고 고집을 부린다면 '빨간 신호등 & 파란 신호등' 훈련 방법을 활용하는 것이 매우 효과적입니다.

빨간 신호등 & 파란 신호등

1. 강아지와 산책하다가 강아지가 리드줄을 당기면서 앞으로 나가려 한다면 즉시 정지하고 양손으로 강아지의 리드줄을 잡고 가슴 높이로 지긋이 끌어올린 다음에 멈추고 기다립니다. 그렇게 하면 강아지는 잠시 몸부림을 칠 수도 있겠지만, 결국 여러분이 허락하지 않으면 아무리 리드줄을 잡아끌어도 자신이 원하는 곳으로 한 발자국도 나갈 수 없다는 사실을 알아채고 얌전히 앉아서 기다리게 될 것입니다. 그렇게 강아지에게 얌전히 앉아서 기다리도록 가르치는 훈련은 간단하게 끝난 셈입니다.

2. 여러분이 리드줄을 끌어올릴 때 강아지가 앉거나 혹은 엎드리면 목줄을 느슨하게 해주면서 바로 "옳지" 하고 칭찬해주도록 하세요. 그런 다음에 "따라"라고 말하면서 성큼 앞으로 한 발을 내딛으면서 나아가면 됩니다.

3. 그렇게 걷다가 다시 한 번 잠시 정지하면서 강아지에게 앉도록 지시합니다. 정지할 때는 강아지가 멈출 때의 진행하는 속도에 대비해서 한 걸음 미리 명령을 내리도록 하세요. 그리고 앉아있던 강아지에게 "따라" 하고 지시하면 강아지는 다시 목줄을 끌어당기면서 전진하려고 할 것입니다. 그럴 경우에는 다시 한 번 더 강아지를 앉도록 한 후 다시 일으켜서 잠깐 서 있다가 출발하세요. 그렇게 몇 번을 반복하면 강아지는 서두르거나 조급할 필요가 없다는 걸 알아채고 앉아 있다가 일어서더라도 여러분의 지시에 따라서 침착하게 앞으로 나아갈 것입니다. 성급하게 전진하려 들면 곧 정지라는 빨강 신호등 지시를 받게 된다는 사실을 배웠기 때문에 즉시 앉아서 앞으로 가라는 파란 신호등 지시로 바뀌기를 기다리게 되는 것입니다.

산책 중에 '앉아'와 '기다려'를 가르치자

강아지와 산책 중에는 짧게 자주 훈련을 시켜 주세요.

예를 들면, 걷다가 멈춰 설 때마다 "앉아"라고 말하고, 강아지가 '앉아'를 하면 바로 "가자"라고 말한 뒤 다시 걷기 시작합니다. 그렇게 여러분이 멈추어 섰다가 다시 산책을 시작하는 것이 강아지가 '앉아'를 한 것에 대한 효과적인 보상이 되게 합니다.

산책 중의 훈련을 5초 이내로 짧게 진행하면 재빠르게 '앉아'나 '엎드려', 혹은 '앉아', '기다려', 또는 '엎드려', '기다려'와 같이 변화된 명령을 잘 따르게 할 수 있습니다. 가끔 강아지에게 음식을 보상으로 주어도 괜찮습니다만, 산책 중에는 음식이 그다지 필요하지 않습니다. 왜냐하면, 강아지에게 있어서 산책을 지속한다는 것이 음식보다 더 기쁜 보상이 되기 때문입니다.

여러분이 강아지와 산책 중에 처음 몇 번은 흥분해 있는 강아지에게 주의를 주며 진정시키는 데 고생할지도 모르겠지만, 4~5번 반복하면 점점 쉬워질 것입니다.

대부분의 사람은 거실이나 방과 같이 정해진 장소에서만 강아지 훈련을 하려고 합니다. 그렇게 하면 강아지는 거실이나 방에서만 착하고 말을 잘 듣는 매너 있는 강아지가 됩니다. 그러면 강아지가 산책 중이나 애견 파크에서는 명령에 잘 따르려 하지 않겠지요. 아마도 강아지는 '앉아'라는 것은 거실이나 방에서만 하는 것이라고 생각하고 있을 것입니다. 왜냐하면, 이제까지 '앉아', '기다려' 훈련을 그 두 장소에서만 했기 때문입니다. 그러나 산책하면서 여러 곳에서 복종 훈련을 하면 매번의 연습이 다양한 환경에서 이루어집니다. 예를 들면 조용한 거리, 사람이 많이 다니는 보도, 녹음이 우거진 오솔길, 넓은 평지, 학교 근처, 애견 파크 등등입니다. 그렇게 되면 강아지는 언제 어떤 장소에서 어떤 일이 일어나더라도 여러분이 지시하는 대로 해야 한다는 것을 기억하게 됩니다. 결국, 강아지는 여러분이 언제 어디서나 "앉아", "기다려"라고 지시를 하면 잘 따르게 되는 것입니다.

여러분의 강아지가 좋은 매너를 몸에 익히면 흥분하기 쉬운 강아지일수록 어떻게 해야지만 더 빨리 자신이 좋아하는 산책을 할 수 있는지를 스스로 알아차립니다. 이제 여러분은 강아지와 함께 예정된 길을 강아지에게 끌려다니지 않으면서 여러분이 원하는 즐거운 산책을 할 수 있게 될 것입니다.

불러도 오지 않는 강아지

애견 공원에 도착해서 강아지에게 '앉아' 또는 '기다려'를 시키지 않은 채 리드줄을 자유롭게 풀어 버리는 견주들이 의외로 많이 있습니다. 강아지를 데리고 공원에 가서 그렇게 습관을 들이면 강아지는 공원에 도착하자마자 빨리 뛰어놀고 싶어서 날뛰거나 짖거나 하는 경우가 발생합니다. 그럴 때 그냥 리드줄을 풀어 주면 강아지의 그런 행동을 강화시키는 꼴이 되고 맙니다.

이제부터 강아지는 자유롭게 된 것에 대한 기쁨으로 즐겁게 뛰어 돌아다니고, 냄새를 맡고, 강아지들끼리 서로 술래잡기를 하면서 미친 듯이 함께 뛰어놉니다. 견주들은 이를 보면서 아무 생각 없이 수다를 떱니다. 그러다 보면 돌아갈 시간이 되겠지요. 처음 몇 번은 견주들이 자신의 강아지를 부르면 그 강아지는 금세 달려오기도 합니다. 그리고 견주가 돌아온 강아지의 목에 리드줄을 채우면 노는 시간이 끝났다는 것을 의미하게 됩니다.

강아지가 처음에 한두 번은 주인이 부르면 달려오지만, 다음부터는 애견 공원에서 견주가 부르더라도 이제 그쪽으로 가고 싶어 하지 않습니다. 왜냐하면, 주인이 불러서 달려가면 애견 파크에서 뛰어노는 재미있는 시간이 갑자기 끝나버린다는 것을 눈치챘기 때문입니다. 강아지가 억지로 오더라도 머리를 늘어뜨리고 싫은 티를 내면서 느릿느릿 다가오려고 할 것입니다. 결국 견주는 자신도 모르는 사이에 강아지가 리콜에 대한 명령을 따르려는 기분을 사라지게 만들어서 불러도 오지 않는 강아지로 훈련을 시키게 됩니다. 그러면 시간이 지날수록 리콜에 대한 반응이 늦어질 뿐만 아니라 어느새 주인이 불러도 올 생각을 안 하고 '날 잡아봐!'라는 모습으로 도망치는 것을 즐거워하게 될 것입니다. 그러면 견주는 화가 치밀어서 "너 이리 안 와!"라고 강아지에게 소리치게 될 것입니다. 그러면 강아지는 이렇게 생각하겠지요. '큰일 났네! 주인이 저렇게 화를 내고 소리칠 때 다가가면 혼나겠지?'라고 생각하면서 점점 더 멀어져 갈 것입니다.

부르면 바로 오는 강아지

여러분이 강아지를 불렀을 때 바로 오게 하려면 애견 파크에 갈 때는 아주

맛있는 간식을 준비해 가지고 가세요. 애견 파크에 도착하면 우선 강아지에게 '앉아', '기다려'를 시킨 다음에 강아지를 풀어 주고 나서 잠시 후에 강아지를 다시 불러서 '앉아'를 시키고, 간식으로 보상해준 뒤 다시 놀러 가게 해줍니다.

강아지는 견주가 부르는 것은 즐거운 타임아웃 알람 시간으로 이해하고 간식을 조금 받아먹고 칭찬받은 뒤 다시 놀 수 있게 될 것이라는 것을 학습하게 됩니다. 그러면 강아지는 견주가 불러서 가더라도 놀이 시간이 끝나는 것이 아니라는 것을 믿게 됩니다. 그렇게 하다 보면 여러분 강아지는 언제나 리콜이 잘 될 것입니다!

이 방법 외에도 긴급 상황에서는 강아지에게 '앉아'나 '엎드려'를 하도록 지시하는 방법이 강아지를 리콜하는 것보다 효과적일 때가 있습니다. 언제라도 강아지가 리콜이 잘되도록 가르치는 것보다 지시하면 확실하게 '앉아'와 '엎드려'를 할 수 있도록 가르치는 편이 훨씬 더 쉽습니다. 강아지에게 재빠르게 '앉아'를 시킴으로써 여러분은 즉시 강아지의 행동을 컨트롤하고 움직임을 제한하는 것이 가능해집니다. 그렇게 강아지에게 '앉아', '기다려'를 시켜놓은 다음에 간식을 주고 나서 강아지를 다시 풀어주거나 리드줄을 매서 집으로 데리고 올 수도 있습니다.

여러분이 강아지가 있는 쪽으로 가서 리드줄을 채우려고 할 때에는 보다 확실하게 하기 위해서 손바닥을 펴서 위로 들고 '기다려'라는 수신호로 강아지의 주의를 끌며 다가가서 "옳지"라고 강아지를 칭찬해 준 다음에 리드줄을 채우면 됩니다.

Part 10

너무
궁금해요

가장 효과적인 강아지 교육 방법은?

강아지를 교육하는 방법은 여러 가지가 있겠지만 그중에서도 가장 효과적이고 바람직한 방법은, 물론 '칭찬'으로 가르치는 '긍정 강화 교육'입니다. 긍정 강화 교육은 미끼와 포상을 활용하는 방법으로 강아지가 주인의 지시대로 잘하거나 올바른 행동을 하면 '칭찬이나 간식 같은 포상'을 해줌으로써 더 잘하도록 유도를 하는 것입니다. 이 교육 방법은 특히 어린 강아지나 성격이 느긋하고 특별한 문제가 없는 성견에게 아주 좋은 방법입니다.

여러분이 새로 강아지를 입양하게 되면 나쁜 버릇이나 잘못된 습관이 만들어지기 전에 '긍정 강화 교육 방법'으로 가르쳐서 앞으로 예견되는 강아지들의 문제 행동을 미리 예방하는 것이 최선입니다.

그다음으로 강아지를 가르치는 데 효과적인 방법이 일명 '무시'하는 방법입니다. 강아지가 주인이 원하지 않는 행동을 하는 경우에는 '무시'함으로써 강아지 스스로 자신의 행동이 의미도 없고 소용없는 행동이라는 것을 깨달아서 안 하도록 만드는 방법입니다.

사람들의 일상 대화 속에서도 '개무시'란 용어는 가끔 사용하는 경우가 있을 정도로 귀에 익은 말인데, 강아지가 불필요한 행동이나 주인이 원하지 않는 행동을 하지 않도록 하는 데 매우 효과적인 교육 방법입니다.

강아지가 꼭두새벽에 일어나서 놀자고 낑낑거리거나, 사람들이 식사 중에 식탁 아래서 음식을 달라고 조르거나, 외부 소리에 민감하게 짖거나, 방문을 열라고 긁어댈 때나, 무서워서 안아달라고 보채거나 울타리 밖으로 꺼내달라고 낑낑대는 경우에도 "안 돼!" 하고 질책하거나 달래려고 하는 방법보다 그냥 무시하는 것이 훨씬 더 효과적입니다. 그럴 경우에 강아지에게 하지 말라고 꾸짖거나 달래려고 들면 오히려 강아지는 주인이 자기의 요구에 관심을 보이거나 응원한다고 생각해서 더 심해지거나 계속하게 됩니다.

여러분의 사랑스러운 아이가 백화점의 장난감 코너에서 자동차를 사달라고 바닥에 누워서 발버둥 치면서 조른다면 어떻게 대처하는 것이 좋을까요?

아이가 원하는 장난감을 사주든지, 아니면 무시해버려야 할 것입니다. 물론 아이의 요구를 무시하려면 상당히 고통스럽고 인내심이 필요하겠지만 단한 번의 노력으로 아이가 떼를 쓰는 버릇은 확실하게 고칠 수 있습니다. 반면, 그럴 경우에 주변의 시선도 있고 안쓰럽다고 해서 아이에게 장난감을 사주거나 요구를 들어주면 당장은 편해지겠지만 앞으로 장난감 가게 앞을 지날 적마다 아이의 요구에 시달리게 될 것입니다. 강아지 교육도 역시 마찬가지입니다. 강아지가 부당한 요구를 하거나 잘못된 행동을 하는 경우에는 완전히 '개무시'하는 것이 강아지를 가르치는 좋은 방법 중 하나입니다.

강아지를 가르치는 데 세 번째로 효과적인 방법은 '놀라게 하기'입니다.

강아지가 잘못된 행동을 할 때 주인이 무시해도 계속해서 깨물거나 뛰어오르거나 짖으면서 원하지 않는 행동을 반복하는 경우에는 별안간 강아지의 옆

구리를 손가락이나 발끝으로 콕 찔러서 깜짝 놀라게 하는 방법으로 웬만한 강아지의 문제 행동을 교정할 수 있습니다.

반면에, 강아지를 가르치는 방법 중에서 가장 나쁘고 효과가 없는 방법은 폭력을 사용하거나 체벌을 사용해서 가르치는 방법입니다.

강아지 산책이 만병통치약인가요?

요즈음에 인터넷이나 텔레비전 등을 보면 강아지 양육에 관련된 정보들이 넘쳐납니다. 물론 그중에는 강아지를 키우거나 가르치는 데 도움이 되는 좋은 정보들도 많지만, 시행착오가 있는 잘못된 정보들도 많아서 오히려 강아지를 키우는 사람을 혼란스럽게 하거나 심지어는 강아지들을 불행하게 만드는 경우도 있습니다.

'강아지 산책'에 관련된 내용도 그렇습니다.

어떤 사람들은 강아지에게서 발생하는 많은 문제가 산책이 부족하거나 스트레스가 쌓여서 생기는 것이기 때문에 산책을 많이 시키면 모든 문제 행동이 해결될 것이라고 얘기하는데 그것은 올바른 정보라고 할 수 없습니다.

물론, 사회성이 좋고, 목줄 적응 교육이 잘되어 있으며, 문제 행동이 없는 건강한 강아지들에게는 산책이야말로 최고의 선물입니다. 하지만 사회성이 부족하거나 목줄 적응 교육이 안 되어 있거나 분리 불안증이나 알파 증후군 같은 복합적인 문제 행동을 가진 강아지들에게는 산책하는 방법에 따라서 도움이 되는 약이 될 수도 있고, 상태를 더 악화시키거나 강아지를 고통스럽게 만드는 경우도 있습니다.

여러분이 키우는 강아지를 데리고 산책을 하러 나갔을 때 강아지가 자꾸 집으로 되돌아가고 싶어 한다든가 다른 강아지나 낯선 사람을 보면 무서워서 피하거나 짖는다면 사회성이 부족한 것이기 때문에 사회화 교육을 먼저 해야합니다. 한편, 강아지와 산책을 나가려고 목줄이나 가슴줄을 매면 강아지가 얼음이 되거나 엎드려서 움직이지 않으려고 한다면 목줄 적응 교육을 먼저 해야 합니다.

가장 심각한 경우는 강아지가 산책을 하다가 낯선 사람이나 다른 강아지를 만났을 때 공격적으로 짖거나 물려고 하는 행동을 보이거나 불안한 상태로 계속 주인 옆을 맴돌거나 하는 경우입니다. 이때는 '알파 증후군'이나 '분리 불안증'이 의심되기 때문에 바로 산책을 중단하지 않으면 상태가 점점 더 악화될 수도 있습니다.

그렇게 사회성이 부족하거나 문제가 있는 강아지는 다음과 같이 특별한 방법으로 산책을 진행해야 합니다.

- 처음 일정 기간은 강아지가 두려움 없이 새로운 환경에 적응하고 산책을 좋아할 수 있도록 다른 개나 낯선 사람을 만나지 않는 시간과 장소를 선택해서 산책을 시작해야 합니다.
- 다음에는 다른 강아지나 낯선 사람을 만날 수는 있지만, 직접 마주치지 않고 적당한 거리를 유지할 수 있는 코스를 선택해서 산책을 해야 합니다.
- 그다음에는 다른 강아지나 낯선 사람을 만날 수 있는 일반적인 코스를 선택해서 산책을 하되 강아지의 행동을 세심하게 살펴가면서 조심스럽게 진행해야 합니다.

사실, 요즈음 우리 주변에는 낯선 사람이나 다른 개들과의 사회성이 부족한 강아지들을 많이 볼 수 있습니다. 대체로 그런 강아지를 기르고 있는 주인들은 자신의 강아지와 산책하다가 다른 강아지를 만나게 되면 주인이 먼저 긴장해서 강아지의 리드줄을 세게 잡아당기거나 자신 옆으로 끌어들입니다. 그렇게 하면 강아지는 더 긴장하게 돼서 짖거나 싸우려고 하거나 무서워서 도망가려고 할 것입니다.

산책하는 도중에 다른 강아지를 만나면 무서워서 떨고 있는 자신의 강아지를 안심시키려고 안아 주거나 어루만져주면 안 됩니다. 주인의 그러한 행동이 오히려 강아지의 겁쟁이 태도를 점점 더 강화하게 됩니다.

그런 경우에 최우선적으로 해야 할 일은 강아지에게 사회화 교육을 해서 자신 있는 강아지가 되도록 만들어주는 것입니다. 그리고 강아지와 산책하는 도중에 반대쪽에서 다른 강아지가 다가올 때는 강아지 주인이 차분하고 편안한 상태를 유지해야 강아지도 안심하게 됩니다.

다시 말하지만, 산책이야말로 강아지에게는 최고의 선물입니다. 그렇지만 그런 축복은 건강하고 사회성이 좋은 건강한 강아지들에게 한정된 것입니다.

강아지들이 왜 나만 싫어하나요?

여러분의 집이나 주변에서 키우는 강아지들 중에는 유독 어떤 사람에게만 심하게 짖거나 특정한 장소에서 예민하게 반응하는 경우가 종종 있습니다. 한편, 어떤 사람은 강아지들이 자신을 특별히 싫어하거나 만만하게 대한다고 느끼는 사람도 있습니다.

인간과 마찬가지로 우리가 키우는 강아지 같은 동물들도 오감이나 육감 같은 인지 능력을 갖고 있습니다. 동물들은 그런 인지 능력을 바탕으로 의식적으로나 무의식적으로 주변 환경이나 마주치는 상대방으로부터 자신이 안전할지, 아니면 위험할지를 감지할 뿐만 아니라 자신을 좋아하거나 싫어하는 느낌까지도 판단해서 자신의 행동을 결정하게 되는 것입니다.

대체로 그런 상황에서 유독 예민하게 반응을 보이는 강아지들은 두 가지 경우로 구분할 수 있습니다.

하나는 강아지가 소심하고 겁이 많은 '연성의 기질'이거나 사회성이 부족한 상태에서 상대방으로부터 폭력을 당했거나 돌발적인 행동으로 놀란 경험이 있는 경우입니다.

두 번째는 "강아지가 '알파 증후군' 같은 복합적 문제 행동에 걸려서 배타적이고 공격적인 성향을 나타내는 경우입니다. 예를 들면, 강아지를 대하는 사람이 겁을 먹어서 불안정한 상태이거나 반대로 너무 강력한 에너지를 발산하는 경우에 강아지는 상대방이 두려워서 심하게 짖는 행동을 하는 것입니다. 혹은 강아지에게 다가갈 때 너무 조심스럽게 다가가서 강아지를 불안하게 만들거나 너무 갑자기 달려들어서 강아지를 놀라게 하면 강아지는 짖거나 공격적 행동으로 반응하게 됩니다.

물론, 만나는 강아지가 예절 교육이 잘 되어 있고, 낯선 사람에 대한 사회성이 좋은 경우에는 그런 것들이 별로 영향을 끼치지도 않고, 충격을 받더라도 조금만 부드럽게 대하면 금방 다시 친해질 수 있습니다. 하지만 강아지가 사회성이 부족하거나 알파 증후군 같은 문제 행동을 가진 경우에는 강아지의 그런 생각이나 행동을 바꾸기가 어렵고 시간도 오래 걸립니다.

그럴 경우에는 어떻게 하든지 강아지를 달래거나 친해지려고 성급하게 다가가면 상황이 더 악화될 뿐만 아니라 잘못하면 강아지에게 물리는 불상사가 생길 수도 있습니다. 강아지와 너무 빨리 친해지려고 애쓰지 말고, 강아지가 다가오거나 불안해하지 않을 때까지 차분하게 인내심을 갖고 기다려 주는 것이 더 좋은 방법입니다.

사료 선택과 올바른 급식 방법은?

어떤 사람들은 집에서 강아지의 식사를 손수 만들어 주는 편이 방부제도 안 들어가고 경제적이며 강아지 건강에도 좋을 것이라고 주장합니다. 물론 집에서 직접 강아지가 먹을 음식을 준비하면 확실히 낮은 가격으로 방부제도 넣지 않고 만들 수는 있겠지만 준비 과정에 시간이 많이 걸립니다. 가정에서 만드는 쪽이 시중에서 판매하는 일부 질이 나쁜 강아지 사료보다는 우수할지 몰라도 '영양의 균형'이라는 측면에서 보면 집에서 직접 만들어 먹이는 편이 꼭 강아지의 건강에 좋은 것만은 아닙니다.

강아지에게 영양의 균형은 식사의 질에 못지않게 중요합니다.

강아지 사료를 만드는 과정 중에 탄수화물이나 단백질, 지방을 적절한 비율로 배합하는 기술이 매우 복잡할 뿐만 아니라 필수 광물질이나 미량

원소, 비타민류까지 적절하게 배합해서 만드는 것을 집에서 하기는 정말 어렵습니다. 그렇기 때문에 집에서 아무리 노력한다고 해도 시중에서 판매되는 유명 브랜드의 강아지 사료 정도로 균형이 잡힌 식사를 만들어서 먹일 수 있는 견주는 거의 없다고 볼 수 있습니다. 강아지의 질병으로 인한 처방식 사료 같이 특별한 경우가 아니라면 시중에서 질 좋은 강아지 사료를 구입해서 먹이는 방식을 권하고 싶습니다.

다행히도 요즈음 우리나라에는 전 세계에서 좋다고 정평이 나 있는 대부분의 애견 사료들이 모두 수입되고 있을 뿐 아니라 국내에서도 질 좋은 사료가 생산 판매되고 있어서 원하는 사료를 손쉽게 구할 수 있습니다.

요즈음에 많은 사람이 강아지에게 먹을 것을 지나치게 많이 주거나 아주 적게 주는 경향이 있습니다. 특히 어린 강아지에게 부족한 식사를 주어서 성장에 영향을 주거나 고령의 강아지에게 과도한 식사 급여로 비만이 생기면 건강에 중대한 악영향을 끼칩니다. 매주 정기적으로 강아지의 체중을 재보고, 또한 하루분의 사료를 반드시 계량해서 적정량을 주는 것이 좋습니다.

강아지가 지나치게 비만 상태라면 하루에 주는 양을 줄이든가 운동을 더 많이 시켜야 합니다. 물론, 강아지가 영양이 부족해서 지나치게 야위어 있는 경우에는 식사량을 늘려 주어야 합니다.

강아지의 대변은 건강 상태를 알려주기도 하지만 식사 급여량이 적당한가를 판단하는 데도 도움을 줍니다. 건강한 대변의 색은 짙은 갈색으로 젖은 압축 톱밥 같은 상태입니다. 과식하거나 유제품을 많이 먹으면 변이 물렁물렁해지고, 때에 따라서는 설사를 하기도 합니다. 그럴 때는 식사량을 줄여야 합니다. 변비나 단단한 변을 누는 것은 강아지가 동물의 뼈나 지방 등 육류 제품을 지나치게 많이 먹었기 때문입니다.

강아지는 보통 젖을 뗄 때 하루 이틀 정도는 이유식으로 사료를 불려서 주거나 첨가제를 넣기도 하지만, 그 후에는 강아지 사료를 불려주는 것이 구강 건강이나 위장 건강에도 좋지 않으므로 불려줄 필요가 없습니다.

사료 급여 타임은 어린 강아지가 부담 없이 소화를 잘 시킬 수 있도록 적은 양을 자주 먹일 필요가 있으므로 보통 하루에 3~4회 정도로 나누어서 급식하는 것이 좋습니다. 생후 4개월이 지나면 하루 2회 정도가 좋으며, 생후 6개월이 지나면 겨울에는 아침저녁으로 2회로 나누어서 줄 수도 있지만, 여름에는 1회로 줄여도 괜찮습니다.

강아지에게 사료를 급여하는 방법은 '시간 급식 방법'과 '자유 급식 방법'이 있습니다. 어떤 방법을 선택할지는 강아지 주인의 자유겠지만, 두 가지 급식 방법은 약간의 차이가 있습니다. 먼저 시간 급식 방법은 일정한 시간이나 횟수를 정해서 적정량의 사료를 주는 방법인데, 이 방법을 활용하면 강아지가 주인의 지시나 명령을 잘 따르는 장점이 있기 때문에 교육적인 측면에서 매우 효과적입니다. 반면에 자유 급식 방법은 시간이나 사료량의 제한 없이 급여하는 방식으로 이 방법으로 사료를 주면 강아지가 식탐이 없어지고 정서적으로 안정이 되는 장점이 있습니다.

강아지 희뇨증과 오물에 몸을 비비는 행동은?

혹시 여러분이 키우는 강아지가 기분이 좋거나 지나치게 흥분을 하거나 무서워서 겁을 먹는 상황에서 오줌을 찔끔찔끔 지리는 경우가 있나요?

강아지가 그렇게 행동하는 것을 '희뇨증'이라고 합니다. 강아지 '희뇨증'이란 겁이 많고 소심한 '연성의 기질'을 타고난 강아지나 사회성이 부족한 강아지에게 주로 나타나는 증상입니다.

강아지 희뇨증을 단기간에 훈련을 통해서 교정할 수 있는 방법은 특별히 없습니다. 하지만 사회성이 부족한 강아지는 사회성을 회복시키면 치유가 되기도 하고, 대체로 성장하면서 여러 가지 상황에 익숙해지거나 자신감이 생기면서 자연적으로 소멸되는 문제입니다. 그렇지만 강아지가 오줌을 지린다고 해서 혼을 낸다거나 지나치게 애정을 표시하는 것은 강아지 희뇨증을 더 악화시킬 수도 있으니 서서히 사회성을 회복시켜주고 자신감 있는 강아지가 되도록 격려해주는 것이 좋습니다.

가끔, 우리가 키우는 강아지가 집에서나 산책하다가 냄새가 심하게 나는 음식물이나 동물의 분비물, 부패한 생선 같은 것에 몸을 비비거나 굴러서 고약한 냄새를 풍기는 곤란한 상황이 벌어지는 경우가 있습니다. 대체로 그런 행동을 하는 강아지들은 가정견이나 프랜들리 독 같은 섬세하거나 소심한 강아지입니다.

강아지들이 그런 행동을 하는 것은 자신의 몸에 진하고 고약한 냄새를 묻혀서 풍기면 다른 강아지들이나 외부의 적들이 자신을 강하게 느끼게 될 것이라고 생각하는 야생적 본능에서 하는 행동입니다. 그렇기 때문에 혹시 야외활동을 하던 중에 강아지가 그런 물건 위에서 우물쭈물하거나 뒹굴려는 자세를 취하면 구르기 전에 즉시 "안 돼!" 하고 중지시키거나 빨리 그 장소를 벗어나는 것이 좋습니다.

자! 지금까지 강아지를 올바르게 키우는 방법을 배우고 또 가르치느라고 정말 수고하셨습니다. 이제부터는 여러분이 잘 가르친 귀여운 강아지와 행복하게 사는 일상이 시작됩니다. 예쁘고 순수한 강아지의 눈망울은 여러분의 거울입니다. 그 정겨운 눈망울에 그늘이 지거나 눈물이 맺히지 않도록 앞으로 강아지를 많이많이 사랑해주세요!

강아지 교육 노트

초판 1쇄 발행 2020년 10월 22일
초판 2쇄 발행 2024년 02월 20일
지은이 이종세

펴낸이 김양수
책임편집 이정은
교정교열 박순옥

펴낸곳 도서출판 맑은샘
출판등록 제2012-000035
주소 경기도 고양시 일산서구 중앙로 1456 서현프라자 604호
전화 031) 906-5006
팩스 031) 906-5079
홈페이지 www.booksam.kr
블로그 http://blog.naver.com/okbook1234
페이스북 facebook.com/booksam.kr
이메일 okbook1234@naver.com

ISBN 979-11-5778-460-8 (03520)

맑은샘, 휴앤스토리 브랜드와 함께하는 출판사입니다.